Taiwan Nature Herbs

家有青草藥 超養生

2020年全新增訂版

翁義成 著

CONTENTS

PART 1 60種 常見青草藥活用

｜清涼消暑區｜

｜外用沐浴區｜

| 養 生 野 菜 區 |

| 日 常 保 健 區 |

「老闆！來杯青草茶吧！」

關於萬華青草商圈

| 「老闆！我火氣很大，睡不著覺，來杯青草茶吧！」

| 清晨7點多，在萬華廣州街、西昌街口的青草巷旁，聚集了四面八方來的人們，一輛一輛小貨車上，載滿了各地青草藥園的老闆們，剛採集下來的新鮮藥材，左手香、蘆薈、薑黃、咸豐草……而青草店的老闆，也正專心地在為老主顧解說著各式各樣青草該如何分辨、使用及歷史，談到以前小孩麻疹發燒時，如何以白茅根加甘蔗頭煮水來喝；蘆薈又是如何去皮燉蜆仔……熱鬧的情景，也揭開了青草商圈忙碌一天的序幕。

| 約30年前，跟著父親及兄長接觸到萬華青華巷，位於龍山寺旁一條小小的巷子裡，「生元」、「保安」、「德安」、「張文貴」、「萬安」、「四知」、「濟安」、「坤榮」……等歷史悠久的青草老店，小小店頭堆放著數百種台灣各地來的青草藥材，熟悉的人情味、淡淡的青草香、艋舺獨特的味道盡在這裡呈現。

| 一般人總以為青草巷的由來，是龍山寺信眾拿著廟中祈求到的藥籤，向賣藥草的郎中購買，慢慢使得藥草店聚集成市；但是從資深店家及在地長者口述，與自家青草店老客戶的訪談中，卻異口同聲談到龍山寺藥籤與青草店發展，並無直接關係，但是青草巷形成仰賴著龍山寺的庇蔭，卻是錯不了的。

| 早期台灣醫療院所相當缺乏，經濟能力不富裕的民眾，一旦疾病纏身，多半會到廟宇燒香，祈求神佛讓自己遠離病痛。當時的赤腳先生帶著簡單藥膏及新鮮青草藥材，就地幫人敷貼患處，拔腫排膿，並將青草煮水當茶飲，逐慢地集結成市。當時老闆們總是踩著腳踏

車親自去採集一些基本藥材，後來由於青草藥需求增加，便於樹林、淡水、三重、社子……等地，委託農民採集及種植，進而造就了青草巷的雛型。

這就不難想像，信眾藉由龍山寺拜拜之便，到青草巷選購青草。從最初買賣膏藥及白茅根、蘆薈等常用青草，到民國60年左右，幾家青草店家的加入，使得青草巷櫛比鱗次的街廓商圈成型。70年初，民眾養生觀念興起，來龍山寺的信眾與到西昌街夜市逛街的遊客，蜂湧到青草巷，巷內一時人來人往，好不熱鬧；時常看到從巷內走出的人們，人手一包青草，有鮮有乾，滿意的離開。每戶店家總要到深夜12點後才能下班，這時可說是青草巷的黃金時光。

多年後的今天，青草店的老闆們已經從第一代傳承到第二代或第三代了，而原本青草巷7～8家的傳統形態，也轉變成含括16～17家的萬華青草商圈。有的標榜百年老店，祖傳祕方最有效；有的講究遵古法煎煮，純天然植物傳統茶飲最新鮮也最健康。而各式茶包、南北藥材齊全，更是整個商圈的共同特色。

現今工商社會追求速效，各式飽含添加物的飲料、人工合成的包裝食品，變成了生活必需品，如果您有空，經過萬華青草商圈，是否可以停下腳步來，走進青草店家，跟老闆們聊聊天，了解一下青草巷的故事，認識老一輩的智慧，再喝一杯清涼無負擔的健康青草茶飲，您會發現，原來這才是最適合我們的台灣本土飲料，而在台北的萬華，還是有一個這麼吸引人的地方啊！

（感謝各青草店家及翁義惠先生資料提供）

青草藥，
代代傳承的老祖宗智慧

翁義成

| 閒暇時我常到我的小藥園，除除草、拍拍照，看看植物這幾天有什麼變化，發芽、開花、結果了沒？在跟植物的互動中，能讓我脫離城市的喧囂，忘掉工作的疲憊，感覺到大自然的親和力。

| 現代人注重養生，很適合在家裡栽種一些本土常見藥用植物，雖然大部分沒有香草植物的香氣及艷麗的花朵，但是這些植物卻可以泡茶、煮水、燉雞、藥浴……，最適合台灣人的體質及生活習性，而且又可讓老一輩的智慧在我們手中繼續傳承延續下去。

| 從採藥、種植、經營青草店，到社區大學開課，植物讓我認識更多人，包括顧客、朋友、學員和老師。30多年來，我每天的生活都與台灣本土植物息息相關，密不可分。女兒常跟我講：「我原來是被幾棵植物養大的」，仔細想想我自己也是如此，這句話套用在我老爸身上，也算是最佳寫照吧！

| 青草藥在台灣使用已有很長的時間，但每個人的體質及使用方法不同，帶來的效果就會不一樣，使用前最好先請教專業人士，再決定是否適合使用，尤其對於孕婦、幼兒及體質特殊者更應該要注意。

本書能夠順利完成，感謝各地的青草藥園、店家，以及所有熱心朋友的幫忙，在此致上最深的謝意，辛苦您們了！

園藝治療與青草之相遇

草盛園園藝治療工作室・園藝治療師
黃盛璘

翁老師要出書了，這個序我是一定要寫的，因為翁老師和他的青草世界讓我找到本土的園藝治療素材，豐富了我的「園藝治療」生涯，甚至改變了我的生活步調。

2004年，我從美國拿得園藝治療師資格回來，打算改換跑道，從事「園藝治療師」工作。「園藝治療」顧名思義，就是以植物為素材，用「園藝」方法來改變人的身、心、靈的一種輔助治療。要能勝任園藝治療的植物，首要條件就是要生命力強，也就是好種，同時要能兼具五感刺激—視覺、嗅覺、味覺、聽覺和觸覺。在美國受訓時，他們大量使用香草植物（Herb）為素材，例如大家熟悉的薰衣草、迷迭香等。

可是這些溫帶的香草植物到了亞熱帶的台灣，適應得就辛苦了。我試種了兩年，發現它們幾乎渡不過台灣濕熱的夏天，多年生變成了一年生，「生命力」一下降成了「嬌弱」。嬌弱的植物可不能冒然拿來當園藝治療素材呀！那可怎麼辦？適合台灣的園藝治療素材在那裡？

有天我漫步到萬華龍山寺，彷彿觀世音菩薩的指點，竟走到翁老師開的一順青草店，發現翁老師在自家店裡開認識青草的課，現場馬上報名。翁老師父親是採藥人，從小接觸，青草已內化成他生命的一部份，說起青草如數家珍，令人一聽就著迷。

學了之後，發現這些青草當你不知道它們的療效時，不過就是路邊野草。野草，生命力當然強！於是，我從這些青草中，找出具有五感刺激、和我們生活息息相關的種類，一一將它們帶進園藝治療的領域來，例如書中所提的艾草、左手香、紫蘇、魚腥草、薑黃、九層塔、石蓮花、蘆薈、香椿等，都是我園藝治療愛用之素材。它們容易栽種，可以用來保健，特殊的味道常會勾起許多生活與食物的回憶。

一位失智阿姨一聞到薄荷，馬上喚醒她內心深處的記憶，說：「我爸爸常用這個泡茶給我們喝。」；每拿出艾草，就讓大家連想起端午節。

於是，我在陽台上栽種了這些青草，喉嚨痛時，摘片左手香葉子嚼一嚼；受寒時，泡個艾草茶喝；感冒時，就煮魚腥草茶，現在青草已不只是我工作上的夥伴，也成了我生活的必備品。

現在翁老師出書了，更方便了！拿著這本書，就讓青草與你產生更多的對話，讓青草進入你的生活來照顧你。讓每個人都可以用這本書來「園藝治療」！

PART 1

60種
常見青草藥活用

嚴選最常見好買的 60 種台灣本土
青草藥，從品種介紹到應用作法
一網打盡，無論是青春期照顧、
婦女養顏美容、上班族與銀髮族
的筋骨養生，或是日常生活的保
健，這裡通通有。

仙草雞

夏季的清爽食補。

｜煮仙草最好選用台產曬乾的老仙草，品質較佳，而且煮越久越香，但得隨時注意水量，可別整鍋煮乾了。仙草約300克，洗淨、切段，放進鍋中、加水，大火煮滾後轉小火三小時，記得水量不要過少，以免乾掉，完成後去渣備用；接著再將雞肉剁好汆燙，把仙草和雞肉放進電鍋，隔水燉熟即可。亦可加入少許紅棗和枸杞，味道更香甜。

｜除了仙草雞，仙草還可製作其他美味茶飲或點心。如仙草煮三小時後，放涼飲用，即為清熱涼血的仙草茶；若仙草茶加少許太白粉，以小火慢煮攪拌均勻，則為燒仙草，可依個人喜好加上花生、粉圓、芋圓等配料，冬天吃，全身熱呼呼；仙草茶也可變化出仙草凍，把蒟蒻粉、砂糖與仙草茶共同煮沸之後，倒入模中放涼，就是可口的仙草凍！

茅草根即白茅根，指的是白茅的根莖，它是一種常見的多年生草本植物，在河岸、山坡、田野等地，經常可以看到它們的身影。不過可別以為它是無用的雜草，將它煮成茶飲，有涼血解毒、清熱利尿等功能，對於壓力過大、容易上火的人，或者年紀大的男性因攝護腺問題所導致的排尿困難，都可藉由茅根茶來改善。

取白茅的地下根莖約300克，乾、鮮品皆可，至少洗過三次後，切成小段，放進6000cc水中，以大火滾開後轉成小火續煮一小時，完成後去渣，此時成品約僅剩下3000cc；在煮好的茅根茶裡加甘蔗頭或冰糖，放涼後即可飲用。若是一時喝不完，要放進冰箱冷藏，否則很容易壞掉，冷藏約可保存五天。

茅草根性寒味甘，不宜長期大量服用，脾胃虛寒與腹瀉溏便者，亦應忌食。

茅根茶
清熱利尿助益大。

小金英汁

消炎保健排毒佳。

小金英又叫兔兒菜、鵝仔菜，看它的名字，就知道以前的命運多半是拿來餵兔或飼鵝，不過由於臨床上，它對於消炎、鎮痛、解熱具有良好功效，現在可搖身一變成為優秀的保健藥草，而一般的食用方法，則以直接榨汁或煮水服用為主。雖然小金英有時在路邊也能發現到，但目前是以栽培種最多。

將新鮮小金英反覆洗淨，再以開水沖淨，放入榨汁機中，直接榨取深綠色的原汁飲用。榨好的小金英汁，最好趁新鮮盡快喝掉，若無法一次喝完，必須放進冰箱冷藏，保存期限約為五天。小金英汁本身略帶青草腥味，怕苦的人可以添加少許蜂蜜。由於小金英味苦性涼，打出來的原汁較為寒涼，每次飲用最好以100cc左右較恰當，記得不要一天喝過量，效果才會良好。

青草茶自古以來便是民間常喝的夏季飲料，取材來自於多種藥草組合，因為各家青草茶舖的藥方都不一樣，有些標榜「祖傳配方」的老店，煮出來的青草茶特別好喝，生意因此一枝獨秀。

不管配方有何不同，仙草、大花咸豐草、薄荷都是其中必要的原料，而且皆以曬乾的青草為主。先取砂糖或冰糖煮成糖水備用，再將除了薄荷之外的所有材料洗淨、加水，全部放入鍋中，先大火煮沸再轉成小火，一小時後熄火，把薄荷放進鍋中燜五分鐘。去渣之後與糖水混合均勻，隔水冷卻完後，迅速放進冰箱冷藏；冷藏約可存放五天，不過還是趁新鮮喝最好。

青草茶屬於大眾化的飲品，火氣大的人飲用最合適，尤其溽暑時節，冰鎮過的青草茶真正透心涼，是去熱消暑的最佳良方。

青草茶
清涼退火解暑熱。

涼粉草
久年仙草

仙草

仙草是青草店的代表植物之一。仙草的莖呈四方形，葉對生，其莖有毛，葉片搓揉有黏稠感。外型常與薄荷混淆，北部的三芝、金山等地有野生族群，青草店貨源以台灣為主，分乾品整株及切品，老一輩喜歡使用整株的，年輕族群則喜歡包裝處理過的切品。

品質好的仙草要在開花前採收，開花後的成分會降低，品質也跟著下降。採收期有兩季，第一季約在三、四月，第二季在七、八月。仙草不使用鮮品，乾品煮起來才有味道。民間常說仙草是久年仙草，意即仙草曬乾後存放越久，味道越香醇。

仙草的美味要經過水煮才會釋放出來，小火慢煮三小時以上，煮越久顏色越濃郁。可配合薄荷、大花咸豐草，煮成青草茶。每年夏天之前，不妨燉煮仙草雞，有涼補效果，降低夏天期間的中暑機率。

[科　　別] 唇形科
[功　　能] 清涼、消暑、
　　　　　　降火、降血壓
[使用部位] 全草乾品
[使用方式] 內服
[繁　　殖] 扦插、種子
[栽　　種] 盆植、露地
[日　　照] 全日照、半日照

Life Time
● 種植：春
● 開花：秋
● 採收：8月、10月

仙草乾品。

TIP

1. 不挑剔生長環境，水田埂旁最容易
   被發現，現在多為大量栽培為主，
   水分需求高，潮溼環境最佳。

2. 生長力旺盛，無需刻意施肥。台灣
   最大的產地在關西，其次在嘉義。

茅草根

茅草　白茅根

[科　別] 禾本科
[功　能] 涼血、止血、利尿、
　　　　降壓、鼻血
[使用部位] 地下莖、花序；
　　　　鮮品、乾品
[使用方式] 內服
[繁　殖] 野生

Life Time
● 種植：春
● 開花：夏
● 採收：全年

茅草根是民間常用在麻疹、發燒不退的基本藥草，也是夏天最多人飲用的茶飲。以前人家碰到小孩麻疹、發燒不退，會用茅草根的鮮品，加上甘蔗頭（或以白色冬瓜糖、冰糖替代）水煮兩小時，當茶飲喝。

民間認為茅草根的效果佳，可作小便不利、尿色偏黃、易尿道發炎的保健，常搭配車前草、筆仔草及化石草；小孩流鼻血時，為降低流血次數，會取茅草花加黑糖水煎煮食用。

品質好壞關係到茅草根的價格。挑選時以鮮品最好，若無鮮品，乾品亦可；另外，要挑選聞起來沒有酸味的，煮起來才會香甜。

剛挖起來的新鮮茅草根。

TIP

1. 野生居多，生長在海邊沙地、空曠地、田埂旁等，不需栽種。根部在地底下竄生，需鬆土環境才生長得好，且較易採取地下莖。

2. 易與芒草混淆。五節芒高三、四公尺，葉子會有勾刺易傷手，茅草高約百公分，葉有粗糙感，較不傷人。兩者花序不同，五節芒花序可做掃把，茅花可以當茶飲。

小金英

鵝仔菜
兔兒菜

小金英是民間清涼排毒最常用的植物之一。小金英不是蒲公英，但台灣民間常代替蒲公英使用。小金英莖部有白色乳汁，花柄會分枝，每根分枝長出一至二個花序；蒲公英的花柄、花序則各只有一個。小金英全年可採，新鮮的蒲公英產季只在農曆年到清明節之間，台灣一年約有七、八個月缺貨，只提供乾品，因此青草店較少使用蒲公英，而多以小金英代替。

民間用法多用在口乾口臭、清涼排毒、火氣大引起的失眠，以鮮品煮水兩小時或榨原汁，一次喝50至100cc，一天兩次。

鮮品煮水或榨汁的效果雖然比乾品要快，卻不易保存。若感覺口苦不易入口，可以在榨汁時添加鳳梨、蜂蜜來增加甜味及效果。煮水則可以加冰糖。

[科　別]　菊科
[功　能]　清肝解毒、失眠、
　　　　　　口乾口臭
[使用部位]　全草；鮮品、乾品
[使用方式]　內服
[繁　殖]　根、苗株、種子
[栽　種]　盆植、露地
[日　照]　全日照

Life Time
- 種植：春
- 開花：全年
- 採收：全年

小金英乾品。

1. 栽培多用苗株種植或種子，收成後留一些根部在土裡，只需把土鬆過一遍，自然會再長出來。若沒有鬆土，根系生長受阻，就會影響生長與品質。

2. 環境不宜太潮濕，水多易爛。若種在花盆，表土快要乾時再澆水。近年來在中南部有大量栽培。

白鶴靈芝

仙鶴草
天鶴草
鶴草

白鶴靈芝的白花小巧玲瓏，遠看像極一隻隻白鶴輕盈地踏踩在葉端上，因而取名白鶴靈芝。鮮品沒有特殊味道，曬乾後會散發出清香的茶葉味，由於不含咖啡因，適合代替茶葉來飲用，滿足想喝茶又擔心睡不著覺的需求。小朋友喝時可加點冰糖，口感更加分。

青草店多取莖葉使用，鮮品或乾品皆可，需水煮一小時，才煮得出味道。根部對於心血管問題有預防效果。葉子煮水，可固肝、退火、清血，多用在清血保健。若種在花盆，一般僅採收葉片，乾燥處理後，泡茶飲用。

台灣常說的雲南白藥有二種，分別是白鶴靈芝、藤川七，與大陸的雲南白藥完全沒有關係，是不同的東西。

[科　　別] 爵床科
[功　　能] 降火、消炎、清血、潤肺
[使用部位] 莖葉鮮品或乾品、根鮮品
[使用方式] 內服
[繁　　殖] 扦插
[栽　　種] 盆植、露地
[日　　照] 全日照、半日照

Life Time
● 種植：春
● 開花：春～秋
● 採收：全年

白鶴靈芝乾品。

TIP

1. 多年生草本，非常適合盆栽。春天栽種，開花在夏季，冬天較不易生長。葉面色澤翠綠，表示生長情況良好；夏天太熱又不下雨的話，葉片可能會黃化，或出現病蟲害的斑點。

2. 辨識技巧在它的花。種越久，根系越發達，每年開花數量就更多。一般種在大尺寸花盆，開花期好幾百朵小白花相鬥艷，賞心悅目，具庭院觀賞價值。

五爪金英

樹菊
王爺葵

五爪金英是苦茶原料的代表植物之一。莖圓形，葉片分裂成五葉，摸起來質地柔軟，辨識時可摘食嚐味道，口感極苦。常與桑科的構樹混淆，構樹的葉有毛，硬質如鋼毛。

苦茶原料配方多用五爪金英葉、穿心蓮、白尾蜈蚣及萬點金，水煎兩小時。性屬偏涼，由於降火速度快，不宜單味長期大量飲用。新鮮葉片榨汁時，由於味道極苦，可加冬蜜調節口感，民間偏方於肝火及肝指數較高時使用，但次數不宜過多。一般保健多選擇樹枝(莖)部位，口感較佳也不會太過涼性。

欲改善感冒引起的火氣大，在煮苦茶時，可加少許紫蘇，因紫蘇本身有祛風寒之效果，可增加苦茶的效用。

[科　　別] 菊科
[功　　能] 口乾、口苦、肝火旺
[使用部位] 根莖葉鮮品、乾品
[使用方式] 內服
[繁　　殖] 扦插
[栽　　種] 盆植、露地
[日　　照] 全日照

Life Time
● 種植：春～夏
● 開花：夏、冬
● 採收：全年

樹枝乾品
（比較不苦）。

葉子乾品
（苦茶使用）。

1. 嫩葉剛長出來時，有的分裂成單葉或三葉，不是每片都有五葉。植株約高一至二公尺，最高可達三至四公尺，適合家庭栽種。花似菊花，秋冬為開花期，具觀賞價值。

2. 多生長在道路旁、村落周圍、山野等。極易生長，容易形成大群聚。

含風草
恰查某
鬼針草

大花咸豐草

提起大花咸豐草，就會想起小時候喜歡摘取大花咸豐草的花序當飛鏢，黏到同伴的衣褲鞋襪上，這幾乎是人人共有的兒時回憶。

咸豐草的品種很多，約三十多年前台灣本來沒有大花品種，時因台灣缺乏一年四季開花的蜜源植物，蜂農自琉球引進大花種子，從北部蘆洲開始大量種植，並灑播種子於國道旁，造成大花品種氾濫，影響台灣原生種。

煎煮時間最少需要一小時以上。降火效果不錯，是普及化的青草茶原料之一。組合式配方用咸豐草、魚腥草和薄荷來消暑降火；或者搭配仙草乾一起煮，可用於血糖控制的保健，血糖高者不宜加糖。野生的大花咸豐草容易取得，摘取時要留意較少汙染的地方。

[科　　別] 菊科
[功　　能] 消暑、降火、
[使用部位] 降血壓、糖尿
　　　　　全草；鮮品、乾品
[使用方式] 內服
[繁　　殖] 扦插
[栽　　種] 已氾濫成災，
　　　　　不需種植

Life Time
● 種植：全年
● 開花：全年
● 結果：全年
● 採收：全年

大花咸豐草乾品。

TIP

1. 自栽於花盆，要有心理準備，可預見其他花盆也會長出大花咸豐草，帶來管理困擾。採收越多次，根系越發達，會破壞花盆。

2. 繁殖力旺盛已導致台灣本土種的咸豐草幾乎消失，為保護台灣其他原生物種，不建議種植。去戶外活動時，褲管常黏到一種黑黑的針，那就是大花咸豐草的種子。

車前草

五斤草
五根草

漢朝兵荒馬亂時期，天旱無雨、莊稼枯黃，人馬缺水虛脫、尿黃帶血，一天馬伕發現馬兒突然變得神采奕奕，血尿消失，納悶之際看見馬車前方長著豬耳狀的草，想起這幾天馬兒不停低頭吃著這種草，遂拔幾棵水煎服用，果然尿黃帶血的情況減輕了，全隊人馬獲得痊癒，於是把這發現在馬車前的草，取名為「車前草」。

藥書記載用於小便不利、尿道發炎、泌尿系統結石。經常與有利尿效果的茅草根、筆仔草搭配，結石則搭配化石草、玉米鬚。也可單味水煎當茶喝，加少許冰糖，風味更佳。

所謂的利尿是指讓小便量增多。熱引起的小便量減少，體內有發炎，要利尿降火，年輕族群有這種情況。老人家頻尿卻量不多，屬腎虛，應用牛奶埔、山葡萄等，來作為腎臟保健。

[科　　別]	車前草科
[功　　能]	清熱、明目、利尿、祛痰
[使用部位]	全草；鮮品、乾品
[使用方式]	內服
[繁　　殖]	種子、帶根植株
[栽　　種]	盆植、露地
[日　　照]	半日照、全日照

Life Time
- 種植：春、秋
- 開花：全年
- 結果：全年
- 採收：全年

TIP

1. 可至野外採連根植株，在家種植。火氣大時，隨時拔幾棵，搭配咸豐草、茅草根等煮青草茶。

2. 有季節性。主要產季在春天，秋天較少。需潮濕環境，生長的主要條件為水分充足，因此樹蔭底下經常可見。

大薊

雞角刺
牛母刺
南國薊

約莫三十年前，淡水、三芝、金山、萬里濱海一帶，每逢春天花期，大薊數量眾多，非常美麗；近年被大量連根挖走，除非在國家公園、水源保護區，否則已少見野生品種。常有人問，台幣千元大鈔帝雉左側的國寶藥用植物，是不是大薊，那其實是原生在海拔兩千兩百公尺的台灣特有種玉山薊（現在又更改為塔塔加薊）。

大薊在台灣有許多品種，但青草店使用頂多分白花、紅花兩種。野生以紅花品種居多，白花品種則以藥園栽培為主，物以稀為貴，青草店偏好白花。目前價格屬中等價位，但據了解，由於數量將越來越少，研判價格可能往上飆升。

全株有刺，極易傷人，務必留意。一般煮水以根部為主，而全草則可榨汁使用。曾有農會推廣大薊茶包，用機器把曬乾的大薊打成極小顆粒狀，加入甜菊、七葉膽，做成養生茶。

[科　　別] 菊科
[功　　能] 涼血、止血
[使用部位] 全草、根；
　　　　　　鮮品、乾品
[使用方式] 內服
[繁　　殖] 種子、連根植株
[栽　　種] 盆植、露地
[日　　照] 全日照

Life Time
● 種植：冬～春
● 開花：全年
● 種子成熟：夏
● 採收：春～夏

大薊乾品。

TIP

1. 不能扦插。不太挑環境，耐生長。每年冬天、農曆年前發芽，過年後開花，採收季在春天，夏季凋謝。

2. 露地種植最高約150公分。屬多年生草本，夏天凋謝後，只要有根系，隔年春天就會繼續生長。

小本化石草
貓鬚草

化石草

[科　　別]　唇形科
[功　　能]　利尿、化石、降血壓
[使用部位]　莖葉；鮮品、乾品
[使用方式]　內服
[繁　　殖]　扦插
[栽　　種]　盆植、露地
[日　　照]　全日照

Life Time
● 種植：春
● 開花：夏～秋
● 採收：全年

化石草是民間在化石利尿最常使用的植物。化石草又名貓鬚草，主要觀察其花序，長得像可愛的貓咪鬍鬚。有分大本、小本，一般說「化石草」指唇形科的小本化石草，大本化石草則指馬鞭草科的化石樹。中藥單有時會特別註明大本或小本，小本化石草使用較普及。

花是辨識上的特徵，葉對生，唇形花，嫩莖呈四方形，這是唇形科的特徵之一。青草店一般只使用莖葉的鮮品或乾品，煮水使用。

可單品煮水，或加車前草、筆仔草、整腸健胃的含殼草等，降低涼性又顧胃腸。味苦可加冰糖。若有家族遺傳、體質較易結石者，可每月煮一次當茶飲，保健身體。

小本化石草。

大本化石草。

TIP

1. 常見的盆花植物，產季從春天到秋天，冬天較不易生長。青草店鮮品常缺貨，使用乾品即可。

2. 夏天宜注意水分供應。露地栽種優於盆栽，生長較茂盛。

穿心蓮

一見喜
苦心蓮

穿心蓮又名苦心蓮，顧名思義，就是非常苦，新鮮葉片苦到穿心，有如椎心之苦。文獻指出有體內消炎降火的功用，也是苦茶原料之一，但若是苦茶加上穿心蓮，則可以再增加苦茶的效用。

多用在各種消炎，加上百症草(白尾蜈蚣)，合併消炎清熱的效果，可舒緩喉嚨痛；也可用在護肝降火，有民眾在家種植的目的在解酒，於喝酒前服用，有保肝作用，較不容易喝醉，喝酒後服用則可解酒。

穿心蓮多以煮水、泡茶或研粉為主。常見用法是摘二片葉泡茶喝，可消炎降火。有些民眾會自己購買或自栽曬乾後拿去中藥房磨粉，用於喉嚨痛時吞服，當成日常保健的備用品。

[科　　別]	爵床科
[功　　能]	清熱、解毒、消炎、利尿
[使用部位]	莖葉；鮮品、乾品
[使用方式]	內服
[繁　　殖]	幼苗、種子
[栽　　種]	盆植、露地
[日　　照]	全日照

Life Time
- 種植：夏～秋
- 開花：秋～冬
- 結果：冬
- 採收：秋

穿心蓮乾品。

TIP

1. 種子細小量多,容易繁殖,中秋節前約一個月發芽,盛產期在秋天。一年生草本,花市有販售盆栽。

2. 少見野生,不挑土質,極易栽種,果實成熟後就凋謝,落地種子隔年自動發芽生長。

白尾蜈蚣

白馬蜈蚣
散血草
百症草

[科　　別] 唇形科
[功　　能] 解毒、消暑、降火、
　　　　　咽喉炎、肝炎
[使用部位] 全草；鮮品、乾品
[使用方式] 內服
[繁　　殖] 帶根植株、種子
[栽　　種] 盆植、露地

Life Time
● 種植：春、秋
● 開花：全年
● 採收：全年

白尾蜈蚣又名「百症草」，可知其功效廣泛，藥書記載具有清熱解毒、涼血消腫、緩解咽喉腫痛、專清肝火等功能。白尾蜈蚣帶有苦味。煮水用乾品或鮮品，鮮品榨汁則苦味重，不易入口，可添加蜂蜜。

一般用法喜磨成粉劑備用，遇有輕微喉嚨痛、咽喉炎時吞服；上班族出差疲勞、肝火旺，也喜歡隨身攜帶。有民眾搭配左手香、小金英榨汁加蜂蜜，有助清熱解毒，肝火旺盛的情況，也可獲得改善舒緩。不少家庭習慣栽種，當成常備青草藥。

白尾蜈蚣原本多屬野生，花色白或微帶紫，自生於各地中低海拔果園、屋旁等地。春夏二季較多，由於有季節性，產量因而有限，株形較小，故現今市場上大多以種植為主，株形較大，產量較易控制。

TIP

1. 一年生草本。需鬆土、排水良好的
   環境,但水分不需過多。野生多生
   長在牆角、石頭縫間。
2. 多處半日照到全日照環境,無需特
   別照顧。由於使用量大,多採大量
   栽培,全年可採。

一葉草

一枝香
一劍草

常常看見在河濱公園綠地，有一群人蹲在草地上拔取一株株小草，回家煮水後，可消暑氣及解口渴，他們摘取的很可能就是一葉草！新鮮的一葉草，是青草店價格波動最大的鮮品植物之一，春季天氣涼爽、水分多，生長速度快，價格最便宜，一斤約一千元左右；夏季的產量少、價格最貴，約三千到四千元。

一葉草多以野生為主，一般分圓葉、尖葉兩品種，北部以圓葉的一葉草較常見，價格比較高。青草店習慣用鮮品，乾品多來自大陸，若想挑選好品質，建議鮮品較適宜。

飲用時，大多煮水喝或榨汁，可退肝火，也有民眾燉豬心，用於心臟無力。早期農業社會時期藥品缺乏，常在小孩發燒、火氣大、口乾時，將一葉草加開水榨汁後加蜂蜜飲用。

[科　　別]　瓶爾小草科
[功　　能]　消炎、殺菌
[使用部位]　全草；鮮品、乾品
[使用方式]　內服
[繁　　殖]　植株、孢子囊
[栽　　種]　盆植、露地
[日　　照]　半日照

Life Time
● 種植：春
● 開花：春（最茂盛）
● 採收：冬～春

TIP

1. 長得不像蕨類，卻是標準的蕨類，多年生，靠孢子囊及根部繁衍下一代。土質要鬆，生長在陰涼、樹蔭、潮濕處。

2. 尖尖細長的部分是孢子囊，根肥厚，可往旁擴長。自家種植用於觀賞或食用，大量種植不容易。

茉草避邪包
除穢寧神保平安。

茉草有分客家茉草和閩南茉草，兩種的效果和作用都一樣。民間習俗是將茉草用於避邪除穢上，以前家裡要是有小孩因受到驚嚇而大聲哭鬧，老阿嬤都會用茉草煮水，幫小朋友洗澡沐浴，包管一覺安睡到天明；另外參加喪禮或上醫院、走夜路等，隨身帶著幾片茉草葉，也可以去陰除穢、百邪不侵。

拿一把茉草，加入等量的冷、熱水混合，即為陰陽水；用毛巾沾水擦拭身體，對於受驚、半夜睡不著的小孩，可以發揮安神功效。另外，也有人取茉草去陰、芙蓉去魅、艾草去瘴之特殊功能，將茉草加芙蓉、艾草組合成避邪包，作為泡澡之用，據說效果更加乘。除了擦拭、泡澡等方法，另外也可以將這三種藥草做成小香包，睡覺的時候放在枕頭旁邊，一樣具有除穢寧神之用。

牛筋草遍生在全島的平地及田野，是種很常見的草本植物，它有一股清新的青草香，生命力強韌、根系發達，用蠻力也不容易拔掉。以前的人拿它餵牛、餵羊，也有人用它煮青草茶來喝。除了內服，它也可以外用，最常見的外用方式，就是泡澡。

牛筋草在戶外很容易就能採集到，可取用新鮮全草，或者曬乾亦可。洗淨後切成段，加上少許薑母、桂枝、風藤、榕樹鬚和蔥白等材料，與水一起放進鍋中，水量記得要淹過材料再多一些。瓦斯煮滾半小時後，就可關掉爐火。使用方式可以毛巾沾汁液擰乾，局部熱敷；或者將原汁倒入澡盆內，加入適量冷水中和溫度後，作為全身浸泡使用。以牛筋草泡澡，對於手腳冰冷、循環不良、氣血不足以及五十肩等，都有幫助。

牛筋草泡澡包
改善循環氣色佳。

左手香外敷
消腫止痛成效佳。

左手香是民間最熟悉的外用消炎草藥，以前家家戶戶都會種，因為它可以消腫、解熱，需要的時候隨手摘幾片來用，效果奇佳；遇到跌打損傷造成皮膚烏青瘀血時，把左手香外敷在患部，有除瘀止痛之效。

摘取新鮮的左手香葉片，清洗乾淨後晾乾，不可以有水分。晾乾之後用搗藥的杵臼或菜刀刀背等硬物，將左手香葉搗爛，使其汁液流出，變成泥狀，即可成為外敷用藥。使用的時候，以紗布沾取汁液，貼敷在患部，很快就能消除腫痛。記得患部不能有傷口，而且左手香的汁液具有強烈刺激性，外敷時間不宜過長，以一至二小時最理想，時間太長容易導致皮膚產生過敏、起紅疹、發癢等狀況。

左手香具有解毒、消炎、殺菌等功效,且蘊含馥郁氣息,用手摸一摸就能沾染香味,所以也叫「到手香」。有些人用它來製作手工皂,不僅因為純植物原料對皮膚不容易產生刺激性,更因為左手香的殺菌效果可以抗過敏,獨特的氣味也令人喜愛。

將左手香莖葉打汁過濾,加入皂液中攪拌,倒入模型,兩天後脫模,再把皂品置放在通風處陰乾約六至八週,待皂品完全乾燥後,就可以使用了。自製手工皂的最大優點,是純天然無化學添加劑,滋潤皮膚比較安心。青草店中常用來做手工皂的植物原料,除了左手香還包括艾草、魚腥草、香茅、茉草等,這些都是外用廣泛的植物,也可以用來泡澡。

手工皂需要的材料和製作步驟,各社區大學或社團都有相關課程,可直接上網搜尋。

左手香手工皂
原料天然最安心。

六神草治扭傷
去瘀藥洗好妙方。

六神草比較少人食用，一般運用還是以外用居多。它是藥洗的重要材料，所謂「藥洗」，指的是消炎消腫的藥水，外用於推拿消炎、治療跌打損傷、腫脹痠痛等。遇到扭傷、拐傷，或者瘀血、發炎，只要沒有傷口，即可以棉花棒沾六神草藥水，擦於患部，便能發揮消炎止痛的功效，相當好用。

自製六神草藥水的步驟並不複雜，原料也只需要米酒和六神草的花序。首先將六神草的成熟花序剪下，份量約100克，乾品亦可。將花序放進玻璃瓶內，再倒入三瓶米酒，把蓋子旋緊蓋好，以防米酒揮發；在瓶身註明浸泡日期，靜置一至二個月，待六神草的藥用成分被酒溶出，就是專治扭傷、推拿消炎的藥洗了。此藥水須存放在陰涼處，長期放置亦可使用。

月桃在台灣分布廣泛，只要是低海拔地區，田野、溪邊處處都能看見它。它是一種全株都能利用的植物，地下莖、花朵可食用，葉片可以包粽子，甚至種子還是製作健胃劑「仁丹」的成分之一。

月桃那股鄉野清新的香氣，很受大眾喜愛，有些人取它加上艾草葉、香茅及少許茉草，將這些乾品材料混合均勻，裝填進小布袋裡，再塞到枕頭的枕心中，藉由各種純植物材料的濃郁香氣，來達到助眠的效果。當然也可以將這些材料打碎成小塊狀的顆粒，比較好裝填也不會有刺刺的觸感。

台灣氣候濕度較高，枕頭裡的月桃等助眠材料，最好每隔一段時間就倒出來曬，以保持乾燥及柔軟度，方便反覆利用；也能依個人喜好加上薰衣草、芙蓉等，直到材料失去味道後，即可重新裝填替換。

月桃枕
香氣濃郁助好眠。

茉草

小槐花
三葉茉草

茉草是廣泛使用於驅邪、避陰、去煞的首要護身植物。民間趨吉避凶的常見作法是隨身攜帶七片茉草，無論是參加喪葬、醫院探病、掃墓、廟會活動等，都有避邪去陰的作用，返家前要將用過的茉草丟棄，不宜帶回家中。

嬰兒夜啼找不出原因，用茉葉草七片、芙蓉葉七片、米鹽少許，加陰陽水（冷水熱水各一半）擦拭身體，據說可達到收驚效果，能治一切邪氣造成的不吉。風水地理師很喜歡購買茉草洗澡，洗滌掉身上的陰邪煞之氣。會有人問是否一定要七片葉，其實乾品散裝後分不清楚葉數，約抓一把即可。

茉草能避邪，相對貴氣比較重，不易照顧，民間認為這與茉草吸收穢氣有關係，當然與盆栽照顧不周也有關係。民間甚至傳說女性月事期間、懷孕婦女、家有喪事者禁觸茉草，茉草是很清淨的植物，若被「不潔淨的人」碰到會枯死。

[科　　別]　豆科
[功　　能]　避邪
[使用部位]　葉片；鮮品、乾品
[使用方式]　外用
[繁　　殖]　種子
[栽　　種]　盆植、露地
[日　　照]　全日照

Life Time
● 種植：春
● 開花：秋
● 結豆莢：秋～冬
● 採收：全年

茉草乾品。

TIP

1. 多年生植物,忌長期濕潤土壤。露地種植較宜,水分濕度溫度較易調節。

2. 秋冬開花結豆莢,需充分接受陽光,以增其極陽之氣。

客家茉草

希尖草
魚針草

[科　　別] 唇形科
[功　　能] 祛風除濕、解毒
[使用部位] 全草；鮮品、乾品
[使用方式] 外用、內服
[繁　　殖] 植株
[栽　　種] 盆植、露地
[日　　照] 全日照

Life Time
● 種植：春
● 開花：夏～秋
● 採收：夏～秋

客家茉草是客家人專用的避邪植物，與閩南人用的茉草是不同科屬的植物。野生的客家茉草生長區域大多在桃竹苗一帶，有趣的是客家人認為客家茉草的除煞效力，比茉草「威力強」，如果發現某戶人家門口有種植客家茉草，八九不離十屋主是客家人。

客家話「茉」的發音如「抹」字，意思是指將鬼靈怪魔驅避走開之意。依照客家習俗，嬰兒若受到驚嚇，沐浴時澡盆內會加入茉草，驅開邪氣讓小孩順利平安長大。蒸發粿、年糕時，擔心未蒸熟的粄糰發不起來，常在灶爐上放置茉草，或直接混入粄糰中，要把污穢東西全「抹掉」，據信如此才能蒸出漂亮的糕品。而今年輕人早已不相信鬼神之說，多只有老一輩人在使用。

茉草只用葉子，客家茉草全株可用。兩者除了避邪共通外，其他方向完全不同，客家茉草也可水煎服用，被認為有護肝、祛風除濕、清肝解毒作用。

1. 十月開花，十一月花期結束、
　 種子成熟。
2. 多年生草本。未開花之前外型
　 很像紫蘇，但花序比紫蘇更為
　 亮麗。

芙蓉

白芙蓉
芙蓉頭

芙蓉葉、茉草葉、艾草葉是坊間最常用的避邪藥用植物,各有特殊功能。芙蓉在民間被視為吉祥植物,兼具藥用及觀賞價值。芙蓉葉少用單品,避邪多搭配茉草葉各七葉,加一小把鹽米泡澡擦拭。

其葉入藥始載於《本草綱目》,能祛風濕、消腫毒,治風寒感冒。芙蓉頭(根)常用於健胃固肺、壯筋骨、祛風利濕等。令人煩惱的六年頭風、月內風,多用芙蓉頭、艾草頭、大風草頭燉排骨藥膳。老人家風濕酸痛、長骨刺、五十肩,綜合芙蓉頭、一條根、牛奶埔及宜梧燉排骨。憂心小孩發育不良,芙蓉頭用酒炒過再燉雞,可長得頭好壯壯。

常見有灰白、綠色兩種品種。植株帶有芳香氣味,葉色美麗,受藥材盛名之累,野外早已不復見,目前多種植於盆栽或庭園中供觀賞。

[科　　別] 菊科
[功　　能] 風濕酸痛、
　　　　　　祛傷解鬱、
　　　　　　小兒發育
[使用部位] 根莖葉;鮮品、乾品
[使用方式] 外用、內服
[繁　　殖] 扦插、種子
[栽　　種] 盆植、露地
[日　　照] 全日照、半日照

Life Time
● 種植:春
● 開花:秋～冬
● 採收:全年

TIP

1. 多年生灌木。性喜高溫乾燥。
   耐鹽、抗風、為海邊及庭院的
   常見植物。
2. 繁殖能力強，不挑土壤環境，
   自播性甚佳。

香茅

檸檬香茅

香茅味道清香，植栽容易取得，是最常見的外用民俗植物，驅蚊、觀賞、泡澡皆適宜。坊間常用的香茅有止癢、袪風的作用，全株具濃郁芳香氣味，葉片不會割人，與時下流行的檸檬香茅為不同品種。

青草店多使用傳統香茅的莖葉。外用沐浴為主，常用香茅葉、艾草葉煮水泡澡，減輕起疹引起的皮膚搔癢。香茅葉、芙蓉葉、艾草葉、茉草葉，各七片置入水中，再以毛巾擦拭身體，被認為具避邪之效。

香茅為外來種，一百年前日本人從爪哇移植香茅草，在苗栗大量種植成功，開啟台灣香茅草栽植事業。六十多年前台灣香茅油產量曾躍居世界第一，直到人工合成的香茅油問世，才使台灣香茅油產業沒落。

[科　　別]　禾本科
[功　　能]　止癢、健胃、袪風
[使用部位]　根、葉；鮮品、乾品
[使用方式]　外用
[繁　　殖]　分株
[栽　　種]　盆植、露地
[日　　照]　全日照

Life Time
● 種植：春
● 開花：春
● 採收：全年

香茅乾品。

TIP

1. 喜日照充足、高溫多濕，宜
用寬深容器。需排水良好的
砂質土。

2. 要固定分株，生命週期才會
長。不耐蔭及怕積水，定期
修剪避免植株過密而爛掉。

牛筋草

牛俊章
千斤草

[科　　別]	禾本科	
[功　　能]	生筋、接骨、	
	利尿、降壓	
[使用部位]	全草；鮮品、乾品	
[使用方式]	外用、內服	
[繁　　殖]	自然生長	
[栽　　種]	露地	
[日　　照]	全日照	

Life Time
- 種植：春～夏
- 開花：全年
- 採收：夏～秋

每種藥草從其生長習性及特質，可略知藥性之方向。牛筋草又名千斤草，根系發達，深根性不易拔除，要用鋤頭才挖得起來。鄉下放牛吃草，會把綁牛的繩子綁在牛筋草上，牛跑不走，足見其韌性強。因有如此特性，而被視為受傷、筋骨腰背扭傷、挫傷的良藥。

性屬涼，外用內服皆可。有中風後遺症，或骨頭受傷痊癒後，用牛筋草煮水三十分鐘後泡澡，民間推崇對血路循環、骨頭癒合、筋骨酸痛、增長力氣、恢復元氣有幫助。平常用艾草、香茅泡澡時，可再加上牛筋草，活血化瘀效果更強。

牛筋草具有清血解熱、利尿降壓、心血管的保健功能，民間內服時會加上賜米草、苦瓜根水煮成保健茶飲，或搭配一條根加瘦肉水煎服，據說滋味甘甜。有一說，牛筋草分公母。公草直立狀，母草倒伏型，母草被認為藥效較佳。戶外摘取時須留意周圍是否常使用除草劑。

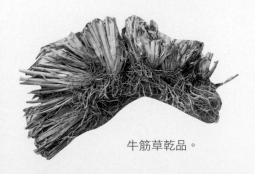

牛筋草乾品。

TIP

1. 一年生草本，生長
的速度極為快速，
路邊、空地牆角隨
處可見。

2. 全陽性植物，陽光
愈強，長得愈好，
藥效更佳。

59

左手香

到手香

[科　　別]　唇形科
[功　　能]　消炎、健胃、
　　　　　　　解熱、口腔炎
[使用部位]　葉片鮮品外用、榨汁
[使用方式]　外用、內服
[繁　　殖]　扦插
[栽　　種]　盆植、露地
[日　　照]　全日照、半日照

Life Time
● 種植：春
● 開花：春
● 採收：全年

左手香容易栽培，功能多元，一般家庭作為盆栽藥用植物的首選。跌倒、扭傷、撞傷瘀血、蚊蟲叮咬時，將葉片搗碎，外敷患部一至二小時，民間認為有消炎抗菌收斂之效果，是最多人使用的外敷青草藥。外敷絕對要避開開放性傷口處，因為植物葉片常有大量細菌，易造成感染。有傷口的發炎、長水泡，不宜使用。

當火氣大、扁桃腺炎、喉嚨痛時，用葉片加少許鹽巴，置入口中細嚼。嫩莖、嫩葉是榨汁最好的使用部位，口感酸酸辣辣，被認為有抑制胃口的奇效，可混和蜂蜜、檸檬或柳橙汁，不少女性朋友於飯前飲用，當作減肥茶飲。

正確名稱是到手香，習慣叫左手香。冬天變黃或凋謝，品質較差，甚至會缺貨。挑選左手香要選擇葉片鮮綠，沒有枯黃的葉片即可。因怕冷不怕熱的特性，不宜用冰箱冷藏。

TIP

1. 好高溫，冬季生長緩慢，不適合扦插，夏天盛產期，清明節前後扦插。
2. 葉肉厚耐旱，忌潮濕。植株木質化後需強剪，建議重新扦插。

61

月桃

虎子花

月桃是極具節慶民俗味的民間草藥。端午節粽葉飄香的時節，也是月桃花綻放之季節，月桃葉以其獨有香氣獲得青睞。

青草店多用地下莖，鮮品外觀很像薑母的塊莖，散發薑科獨有的香氣。常將月桃頭（塊根）、月桃葉曬乾後切細碎，或添加茉草、香茅、薄荷等做成枕頭，夜晚有安神好眠功效。月桃頭煮水混入艾草、香茅、桂枝、風藤等，民間多做成藥浴外用包，據說可舒筋活血、舒緩筋骨酸痛。當然月桃頭也有行氣消脹作用，將月桃頭燉瘦肉，可止胃痛、消胃寒。

莖狀的葉鞘是編織的好材料，強韌有彈性，古時農家曬乾後編製成草蓆或繩索。每到端午節，客家婦女習慣到郊外取月桃葉包粽子，或剪成小片作為蒸粿時的底葉。

[科　　別]　薑科
[功　　能]　健胃、舒筋、活血
[使用部位]　地下莖；鮮品、乾品
[使用方式]　外用、內服
[繁　　殖]　塊根
[栽　　種]　盆植、露地
[日　　照]　全日照、半日照

Life Time
● 種植：春
● 開花：夏
● 結果：秋
● 採收：全年

月桃乾品。

1. 多年生草本，耐陰性強。大部分的薑科植物冬天會落葉，但是同屬薑科的月桃全年常綠。

2. 月桃大多以野生成群分佈為主，若要栽培只要將類似薑母的塊莖栽種在庭院或大花盆，不需葉子，即可長成一叢，在庭院的植株會比較高大漂亮，也較易開花結果。

六神花
鐵拳頭
金鈕釦

六神草

六神草別名金鈕釦，是很常使用的外用消炎植物。金黃色的頭狀花中央呈紅色，約比彈珠小一點，花期近全年，春夏盛產，台灣全島普遍零星栽種為民間藥用植物。全株有特殊辛香味，花序以外用為主，較少食用。

青草店主要供應花序乾品，多拿來泡酒製成跌打損傷的常備藥酒。用四十公克花序、米酒約二瓶，浸泡三個月，任何筋骨扭傷、瘀血烏青、消炎消腫，只要沒有傷口，均可使用，亦有人用在帶狀泡疹外擦。

由於具有輕微麻醉效果，可用於牙痛、牙齦腫痛、口腔炎。大家都有這樣的經驗，半夜牙痛難忍，可將一顆泡過酒的花序塞入牙縫或疼痛處上輕輕咬著約一小時，會有一股涼涼的舒服感覺，加上酒精能消炎殺菌，強化止痛效果，可暫時舒緩牙痛帶來的不適，但隔天還是務必掛診就醫。

[科　　別]	菊科
[功　　能]	消炎、止痛、牙齒痛
[使用部位]	花序乾品
[使用方式]	外用
[繁　　殖]	種子、苗株
[栽　　種]	盆植、露地
[日　　照]	全日照、半日照

Life Time
● 種植：春
● 開花：春～夏
● 採收：春～夏

六神草乾品。

TIP

1. 一年生草本。花形可愛，色澤豔麗動人，極具觀賞價值，是討喜的園藝植物。

2. 全年可採，株高二十到三十公分，多分枝成叢生。蝸牛喜食葉片。忌潮濕。

紫蘇炒海瓜子
去腥殺菌提鮮味。

紫蘇有種獨特的氣味，經常被人們當成料理辛香料，特別是烹調海產時，與紫蘇一起下鍋，更能提振海鮮的香氣和滋味。紫蘇的用法就和我們常見的九層塔一樣，它最適合與海產一同烹煮，如炒海瓜子、煎魚、炒螃蟹等，主要是因為紫蘇的氣息芳香，且新鮮的紫蘇具有健胃殺菌效果，因此料理海鮮時加入，除了可增添香氣、緩解海產腥味，更可防止食用者對海鮮產生過敏現象。

紫蘇炒海瓜子的作法簡單，首先摘取紫蘇的嫩葉洗乾淨，以大火快炒海瓜子，快熟的時候再放進紫蘇葉一起拌炒，最後加調味料即完成。紫蘇也可用來煮水，很多家庭都會種上幾棵紫蘇，若因天氣變化導致輕微感冒或咳嗽，可以將紫蘇葉加水煮滾飲用，對於祛寒及緩解症狀，頗有幫助。

雞屎藤因為具有雞屎般獨特臭味，故而得名，不過它臭歸臭，卻是民間常用的治咳良方。它在應用上多半是煮水、煎蛋或燉豬腸，尤其雞屎藤燉豬腸這道料理，對於感冒咳嗽、祛風寒特別有效，小孩吃了也能開胃。

取雞屎藤約150克，新鮮或乾品皆可，洗淨後切段，與三碗水及切好的豬腸一起放進電鍋內，隔水燉煮半小時即可，因為菁華都燉煮出來在湯裡，所以光喝湯就有藥效。

需注意的是，燉煮過程中會有濃郁的雞屎藤氣味，且豬腸清洗也得特別費工，最好用醋和麵粉從內而外反覆搓洗，才不會有臊味，如果覺得洗豬腸太麻煩，也可以改用粉腸，只是價格上稍微貴些。除了燉豬腸，料理上也常見雞屎藤煎蛋，將新鮮嫩葉切碎後，加蛋液下鍋煎熟，也是一道好吃又能治感冒的佳餚。

雞屎藤燉豬腸
治咳且氣味獨特。

氽燙白鳳菜
口感滑嫩又健康。

白鳳菜是台灣的特有野菜,它被稱為「菜」,是因為以前的人都拿它當菜吃,不管它葉子長多大,纖維都一樣細緻,並伴隨著黏滑口感,由於它具有清熱利尿、消暑降火等功效,現在的人們都視它為健康野菜而食用之。

白鳳菜可氽燙,亦可煮水、榨汁,氽燙是用於烹調料理,其特別的黏滑口感,別具潤腸之用;煮水來喝的話有利尿功能,對於糖尿、尿酸等,有輔助保健的效用;榨汁飲用,則對降火消暑效果極佳。氽燙白鳳菜是道簡單又美味的家庭菜餚,取嫩葉在滾水中氽燙過,撈起瀝乾,加上橄欖油、少許鹽及少許醬油拌勻,便可盛盤上桌。

白鳳菜具有耐濕熱的特性,且也不懼低溫,對環境的適應能力很強,非常容易生長,是非常適合自家栽種的野菜之一。

有人說「枸杞全身是寶」，這句話一點也沒錯，枸杞根可作藥材，枸杞葉能夠泡茶，枸杞子可以入菜，實在稱得上是物盡其用。而且最重要的是，我國古代藥學典籍「神農本草經」，早就把枸杞列在上藥中，所謂「上藥」是指無毒可以久服，即使長期食用也不會有副作用的藥材。

把枸杞用在料理上，可取新鮮嫩葉洗淨切碎，入鍋煮到水滾後，再淋上蛋液，最後滴上香油，就是香氣濃郁的枸杞蛋花湯，對於頭暈眼花、明目補氣極有助益。另外，青草店也常用枸杞的根莖煮水當作茶飲，這對老人家眼睛退化頗有保健之效。

民間有種古早味「地骨露」，是以枸杞的地下根皮，經過蒸餾程序所得到的菁華部分；飲用地骨露可消暑解熱，也是消除牙齦腫脹的最佳飲品。

枸杞蛋花湯
明目安神氣色佳。

龍葵炒豬肝

微苦帶甘最回味。

龍葵是一般野外最常看到的野菜，冬春季節隨處可見，家裡的牆角、庭院或菜園子、路旁、水溝邊，都很容易發現它的蹤跡。不少人小時候都有摘取龍葵黑紫色果實當零嘴的經驗，這是許多四、五年級生共有的成長記憶。

摘下龍葵的嫩葉部分，洗淨備用，豬肝切片後先下鍋炒熟，最後再放入龍葵一起拌炒、盛盤，這樣龍葵才不會變黑；此道料理嚐起來口感微苦而甘。烹煮時，食材以嫩葉為主，若在青草店，則以曬乾的全草，煮水當茶飲用。

龍葵有清涼、消暑、降火等作用，煮水後性微涼，若火氣大、體質燥熱者，可以當作茶飲服用，炎夏解暑最佳。龍葵未熟的綠色果實，不可食用，誤食會產生噁心、視力模糊、腹瀉等症狀，而除了未熟果實不能吃，葉片鮮品最好也煮熟食用，較為恰當。

香蘭又名七葉蘭，為常綠多年生草本植物，莖有氣根，葉子呈長劍形，具有淡淡的芋香氣息。在青草店可以買到乾品或鮮品，花市也能買到盆栽，它耐旱、耐濕，繁殖力強，容易生長，買回家後很快就會長出小苗，可以分株栽種或轉送給別人。

煮飯時，取用新鮮的香蘭葉，大約三、四片左右，洗乾淨後剪成小段，加入淘洗好的米中，煮成的飯便會帶有芋頭香氣，因此也有人稱香蘭為「飯香草」。另外，部分餐廳業者會利用杵臼把香蘭搗出汁液，再用香蘭汁煮成綠色米飯，一樣香氣十足。

在熱帶地區，居民會把香蘭拿來製成茶飲，即將乾或鮮品葉子，加水熬煮當茶喝。香蘭具去除油膩的作用，對穩定血糖也有輔助效果。但是香蘭性寒，雖然清熱效果良好，但體虛之人不宜過量服用。

香蘭飯

芋香四溢增食慾。

香椿醬
常備清香最健康。

香椿所擁有的抗氧化能力，比番薯葉高出三至十倍，在各類蔬菜中可說是名列前茅。它具有獨特的香氣，常被人們運用於調味醬、調味粉、茶包等產品，其嫩葉可炒、可煮，亦可涼拌成沙拉，用途很廣。

素食餐廳經常用到的香椿醬，製作非常簡單，因為素材只有香椿、鹽和橄欖油，兼之香氣獨特，故而被素食者用來代替蔥、蒜等辛香料。取新鮮的紅色香椿嫩葉，先汆燙約十秒，陰乾後切碎，放進瓶罐中，加少許鹽巴，再調入橄欖油，橄欖油份量需淹過香椿葉，封瓶後拿到冰箱冷藏，三天後便可食用。

冷藏的香椿醬，保存期限約為兩週，它可以拌麵、拌飯、炒菜或煮湯。香椿醬製作過程中的汆燙步驟，不可省略，這樣做可以降低香椿中的亞硝酸鹽，讓食材更健康。

馬齒莧屬於優良的山野蔬菜，經常蔓生於田野或路邊，它的生命力強悍堅韌，有時被連株拔起，丟在一旁連續幾個星期，都不見它整棵枯黃。早期農業時代，農戶多會拔它來餵食豬隻，因為富含營養，母豬都靠它發奶，因此也叫「豬母乳」。馬齒莧用在料理上，可以選取嫩葉氽燙之後調味，因為馬齒莧具有潤腸作用，對於改善便祕具有不錯的效果；若是用於血糖保健上，一般則多是水煮來喝，煮好的茶什麼都不必加，直接飲用即可，而煮水就不一定只用嫩葉，整株馬齒莧都可以。

馬齒莧在菜市場很容易買到，當然也可自己種，它的品種不少，藥用是以白花品種為主，扦插就能蓬勃生長。

氽燙馬齒莧

營養滑嫩長壽菜。

麻油薑絲炒川七葉

微苦滑溜顧腸胃。

藤川七又叫川七葉,是種常見的野菜,在菜市場裡很容易買到,有時候爬爬山也能摘一大把回來,甚至住家庭院周邊可能就有它的芳蹤。它的生長力旺盛,既耐濕也耐旱,因為葉子味道微苦,少有蟲害,不需要噴灑農藥,符合時下健康概念,故經常被當成健康蔬菜來食用。

藤川七多為野生,但現在也有人栽培種植。食用上我們是取其葉片,且葉型完整者為主。這道麻油薑絲炒川七葉,作法相當簡單,摘下藤川七的嫩葉,洗淨後與薑絲、麻油一起大火快炒,就是好吃可口的野菜料理。藤川七葉片肥厚,本身口感黏稠滑溜,並富含水溶性纖維,經常食用的話,可幫助老年人或便祕者順利排便。藤川七性味涼,烹調上和麻油、薑絲一起料理,可達到中和之效。

薑黃為養生保健的香料植物,使用方法相當多元,可以用來煮麵、炒飯、染布或製作咖哩等等。薑黃用於食物調理方面,一般是將薑黃的地下根莖磨成粉末狀,調理方式則多用「拌」字訣。

將麵條置於滾水中煮熟之後,撈起,加上鹽巴、橄欖油調味,最後灑上薑黃粉拌勻,即為美味的薑黃麵;若是喜歡吃湯麵的話,可以將麵條在滾水中煮熟後,加入肉片、青蔥等配料,最後再調味、灑薑黃粉拌勻,也是一碗營養豐盛的薑黃湯麵。

炒飯的作法亦是拌薑黃粉。若是將薑黃汁摻入糯米粉與水一起揉勻,可以做薑黃湯圓。此外,薑黃也是製作咖哩的重要材料,很多新住民都會到草藥店,購買薑黃作為烹調香料。薑黃具有抗菌作用,報紙上亦曾談及,薑黃對老人失智症頗有防止之效。

薑黃麵

健康彈牙好味道。

南薑茶（球薑茶）

改善體質防過敏。

球薑和南薑因為功效相同，因此歸於同一類。在菜市場裡，有些攤販會一堆堆賣著淺黃棕色的塊狀根莖，說是南薑，但其實是球薑。因為它們的根莖看起來差不多，作用又相同，很多人把它們混用，甚至也混著叫，但事實上它們是兩種模樣不同的植物，花和葉長相也不一樣。

球薑、南薑的地下根莖具有溫中散寒、解毒止痛之效，將其煮成茶飲，能夠祛除風寒，其作用和薑母茶相同，但是口感沒那麼辛辣。秋冬季節冷熱溫差大，容易引發鼻子不適，球薑茶對於改善過敏性鼻炎，效果尤佳。

將球薑的塊狀根莖洗淨，取約300克切成片狀，和4000cc的水一起入鍋，先大火煮沸後，再轉小火煮一小時，剩約一半水量時即完成；可另加砂糖增添口感，冷卻後必須冷藏，但熱飲效果最佳。

薄荷煨雞是道頗具古早味的佳餚,「煨」這種特別的烹調方法,和我們常看到的烤雞或炸雞可不一樣,它的吃法就像手扒雞,不過現在會做的人,應該都是以阿嬤級的長輩居多。

薄荷的運用範圍十分廣泛,在食用上,它可調味、可當香料,而且本身因為有健胃的作用,所以老一輩的人,才會用它來煨雞,這大概也是因為以前沒有烤箱,在腦力激盪下所產生的生活智慧。

採摘大量新鮮的薄荷葉,洗淨備用。將全雞外表抹鹽,雞不要太大隻,最好不超過三公斤,比較容易煨熟。把薄荷葉全部塞進雞隻的肚子內,不必包錫箔紙。先在炒鍋內鋪上一層厚厚的鹽巴,再把雞放上去,蓋上鍋蓋,以小火燜四十分鐘到一小時,香噴噴的薄荷煨雞就完成了。記得爐火別開太大,否則很容易就會燒乾、燒焦。

薄荷煨雞
大鍋煨煮最入味。

紫蘇

蘇梗
紅紫蘇

每年梅子盛產的季節，總是有很多民眾前來選購紫蘇葉片，回去醃製紫蘇梅。《本草綱目》記載具有通心利肺、開胃益脾、寬中消痰、祛風定喘、解魚蟹毒素之效。日本人吃生魚片搭配紫蘇葉，除了增進口感，又兼具殺菌健胃功能。

春夏為紫蘇的盛產季，嫩莖葉可供蔬菜食用，烹調海鮮肉類、調製成飲料或釀製紫蘇梅，能健胃整腸、開脾胃。中醫認為身體虛寒導致發熱感冒、胸悶咳嗽，紫蘇能發汗鬆弛，可將紫蘇煮水五分鐘，或紫蘇梅湯汁沖泡熱水，趁溫熱喝，舒緩咳嗽及鼻塞。

冬天若有人感冒火氣大，在煮苦茶時會加上少許的紫蘇葉，利用紫蘇祛風健胃的特性，來消熱護胃；需熱飲，趁輕微感冒之際服用。

[科　　別]　唇形科
[功　　能]　祛風、散寒、健胃、
　　　　　　　解毒、咳嗽
[使用部位]　葉片；鮮品、乾品
[使用方式]　內服
[繁　　殖]　苗株、種子
[栽　　種]　盆植、露地
[日　　照]　全日照

Life Time
● 種植：農曆過年前後
● 開花：秋
● 種子成熟：秋
● 採收：全年

台灣常用的紫蘇梅材料。

紫蘇乾品。

TIP

1. 喜溫暖濕潤，需排水良好，土質疏鬆之砂質土。

2. 春天是紫蘇品質最好、味道最香，也最容易栽種的季節。入秋冬後開花，結子落地，次年入春萌芽。

雞屎藤

五德藤
白雞屎藤
佳香藤

[科　　別] 茜草科
[功　　能] 祛痰、鎮咳、
　　　　　　止瀉、驅風、解毒
[使用部位] 根莖乾品、鮮品；
　　　　　　葉鮮品
[使用方式] 內服、外用
[繁　　殖] 無人種植
[栽　　種] 露地
[日　　照] 全日照

Life Time
● 種植：春
● 開花：夏～秋
● 結果：秋～冬
● 採收：全年

雞屎藤的葉子搓揉到出油，會聞到嗆鼻的雞屎味，此味強勁，在廚房烹煮味道會溢滿整間屋子，因此而得名。嫩葉當作野菜食用，根莖可入藥。民間有不少藥書都有記載其藥用特性，有祛痰、鎮咳、止瀉、驅風、解毒等功效。

藥用效果在葉子、根和莖。台灣南北生長情況不太一樣，陽光照射的程度會影響葉片尺寸，攀爬在樹上的葉形較大，匍匐在地上的葉子較細長，常認為葉子細長的效果比較好。中南部的野菜餐廳多摘新鮮嫩葉來煎蛋。民間最常用雞屎藤燉粉腸，或搭配無頭土香、尖尾風水煮服用，預防感冒咳嗽。甚且有一說，雞屎藤煮水後洗澡，可避邪趨厄。

雞屎藤的鮮品使用嫩葉，乾品使用根莖，有民眾將雞屎藤煮水後，據說對控制血糖會有幫助；也有人將雞屎藤的粗莖乾品燉排骨，用於筋骨養生保健。

青草店常用雞屎藤乾品。

TIP

1. 生性強健，容易纏繞在其他植物上。小小花序盛開時，非常漂亮，極具觀賞價值。

2. 多年生蔓性草本，喜溫暖多濕，盛產在夏天。可作水土保持植物或綠廊。

白鳳菜

白紅鳳菜

[科　　別] 菊科
[功　　能] 利尿、尿酸、糖尿
[使用部位] 莖葉；鮮品
[使用方式] 內服
[繁　　殖] 扦插
[栽　　種] 盆植、露地
[日　　照] 全日照

Life Time
- 種植：春、秋
- 開花：冬～春
- 採收：全年

白鳳菜在台灣被推廣成藥膳料理，是以經濟規模栽培之健康蔬菜。民間推崇其為「可當菜的保肝草藥」，用於肝火旺、肝炎、肝硬化及解毒消腫等，若運用到中醫的藥引上，具有利尿、涼血、尿酸、疏經活絡的功效。

嫩莖葉為食用部位，清脆可口，有透明黏液，食用時略具黏性。烹調方式相當簡單，多川燙拌醬汁，或加肉絲一起炒食，可增加美味。青草店販售的鮮品不適用於野菜蔬食，因應民間偏方的需求，較注重保健養生的方向；青草店的使用方式是採取地上部分，洗浸後水煮當茶品飲用，用於降低尿酸、糖尿的保健。

與常見的紅鳳菜是類似品種，兩者的用途方向不太一樣。根據古籍記載，紅鳳菜可以活血、化瘀、解毒、消腫，由於富含鐵質，具補血功效，因此相當受到女性歡迎；民間料理時多會加上薑絲或麻油爆炒來調味，增加口感。

TIP

1. 多年生常綠草本，台灣全年可生長，多數用扦插。
2. 栽植很容易，環境適應性強，耐濕熱，少有病蟲害，適合在家盆栽。

枸杞

甘杞
地骨皮（根皮）

[科　　別] 茄科
[功　　能] 解熱、利尿、明目
[使用部位] 根、莖、果實、
　　　　　 根皮乾品、
　　　　　 葉鮮品或乾品
[使用方式] 內服
[繁　　殖] 扦插
[栽　　種] 盆植、露地
[日　　照] 半日照

Life Time
● 種植：春
● 開花：夏～冬
● 結果：秋～冬
● 採收：春～夏

枸杞子是民間煎煮藥膳最常用的食材之一。早在一千八百年前，枸杞已被記載於《神農本草經》，明清時代開始人工種植。枸杞集蔬菜、藥用、保健養生之用途，經濟價值很高。

青草店使用枸杞根莖，中藥房用枸杞子，菜市場賣嫩葉。春天接近夏天時，菜市場偶爾會有攤商賣一把把的枸杞葉，主婦們多使用枸杞葉煮蛋花湯或炒菜，挑選時宜選葉片大的莖條；枸杞全株有刺，除了嫩葉的刺比較軟之外，其餘木質化的莖部也都有刺，烹調處理時多加留意。

宋朝詩人陸游老年肝腎功能欠佳，眼睛昏花，常吃枸杞子來養生，尤其愛喝枸杞粥，寫下「雪霽茅堂鐘磬清，晨齋枸杞一杯羹」的詩句。青年學子、上班族長期使用電腦，不妨用枸杞根、千里光、小號山葡萄來煮水或燉雞肝，預防眼睛提早退化，或每日以枸杞子沖茶當茶飲。

TIP

1. 落葉性灌木，春天扦插，台灣種植的結果率很低，故產量很少，大部分來自中國。
2. 枸杞適應性很強，耐鹽鹼，乾旱沙荒地可生存。

石蓮花

風車草

石蓮花屬外來植物，外形像蓮花，葉含一層白色果粉，有如石頭雕刻出的蓮花而得名，又因外形像風車，故名風車草。

藥療養生用途多屬民俗偏方。在花市有很多觀賞品種，只適合觀賞，僅有少數的石蓮花適合食用。青草店販售的石蓮花以食用、保健為主，可當成蔬菜、水果、飲品直接食用。若無法確定是否可食，可至青草店購買葉片回去扦插。

青草店的用法多單純榨汁稀釋或製成精力湯，口感微酸帶澀，民間認為可清熱解毒、排尿酸、降血糖、降肝火，加速新陳代謝速度，被譽為體內環保的美容聖品，亦是坊間公認的養肝植物之一，適合年輕族群、熬夜火氣大的人使用。

據了解，石蓮花在清晨採收的酸度口感最佳，食療效果亦佳。挑選石蓮花應注意葉片肥厚，綠中帶紅，越大片越好，摸起來不要軟軟的。

[科　　別]	景天科
[功　　能]	尿酸、肝炎、肝火、降血壓
[使用部位]	葉、莖；鮮品榨汁、生吃
[使用方式]	內服
[繁　　殖]	葉片扦插
[栽　　種]	盆植、露地
[日　　照]	全日照

Life Time
- 種植：全年
- 開花：冬末春初
- 採收：全年

TIP

1. 不耐寒、耐半陰，忌潮濕積水。夏天雨水多，容易軟爛；冬天雨量少、長勢好。

2. 年生多肉植物，淺根系作物，適合陽台種植。

龍葵

黑子菜　黑點歸　黑甜菜

龍葵的漿果充滿兒時快樂回憶，以前的小孩沒有零用錢買糖果，田間雜生的龍葵果酸甜可口，是免費又健康的零嘴。摘取龍葵果實一定要摘取成熟的烏黑漿果，還沒有成熟的綠色果實有毒，不可誤食。

食用部位在嫩莖葉，無論是汆燙、煮湯或炒食皆可，是家庭餐桌的常備野菜。龍葵是台灣原住民喜愛的野菜之一，常用龍葵煮清湯做成解酒的飲料；每年在水稻播種前，原住民長者必定穿戴隆重，煮龍葵湯來祭祀神明，祈求來年風調雨順、慶豐收。

龍葵全草皆可入藥，民間的說法是莖葉有解熱、利尿、解毒之功能。單味亦可煮水，或搭配半枝蓮、白花蛇舌草、小金英，做成排毒湯，可清涼、降肝火，預防肝炎。龍葵性涼，依個人體質宜適量食用。

[科　　別] 茄科
[功　　能] 清熱、利尿、消炎、
　　　　　解毒、肝炎
[使用部位] 全草；鮮品、乾品
[使用方式] 內服
[繁　　殖] 植株
[栽　　種] 盆植、露地
[日　　照] 全日照

Life Time
● 種植：冬～春
● 開花：冬～夏
● 結果：春～夏
● 採收：春～夏

TIP

1. 一年生草本，秋冬發芽，盛產在過年前後，夏天由於天氣炎熱，生長不易，鮮品常見缺貨。

2. 野生居多，藥草園較少種植，除非專門供應給餐廳才會大量種植。嫩芽是蚱蜢等昆蟲喜歡的食物，適合有機栽種。

香蘭

飯香草
香林投
七葉蘭

[科　　別]　露兜科
[功　　能]　利尿、降火、尿酸、
　　　　　　糖尿
[使用部位]　葉片；鮮品、乾品
[使用方式]　內服
[繁　　殖]　分株扦插
[栽　　種]　盆植、露地
[日　　照]　全日照、半日照

Life Time
● 種植：春
● 茂盛：夏～秋
● 採收：全年

民間相傳香蘭的效果廣泛，二十年前商人刻意炒作香蘭的效用，有一段時間香蘭身價暴漲，奇貨可居，價格高昂，當時一家青草店一天內出貨數十公斤。後來由於香蘭的繁殖技術容易，開始有很多人種植，價格遂逐漸普及化。

香蘭廿多年前自東南亞引進，至今尚未發現歸化品種。新鮮葉片帶有濃濃芋頭香，用電鍋煮飯時，將三、四片新鮮葉子放在生米上面，煮出來的米飯帶有陣陣芋頭味，故又別名飯香草。若要挑選新鮮葉片以色澤鮮綠為主。

香蘭是民間草藥，被認為具有降低血脂、退火消炎的功效。民眾到青草店購買香蘭葉、芭樂葉水煎當茶飲，多數是為了糖尿病保健；也有人認為香蘭可用於預防高血壓，民間方例是以香蘭葉、決明子水煎服用。另外，也有一說認為新鮮香蘭葉慢慢細嚼可以解酒，經常喝酒應酬的上班族不妨在家裡或辦公室種植。

香蘭製作的甜品。

香蘭乾品。

TIP

1. 屬於多年生熱帶植物，喜溫暖潮濕；在台灣不會開花。

2. 春天種植，耐蔭性強，怕強風，環境需通風，砂質土壤為佳，可作為庭園綠化觀葉植物。

香椿

香椿是中草藥，也是野菜佳餚，引進台灣近百年之久。近年累積有不少研究指出香椿對於降低血糖、穩定血糖有一定的助益，市面上研發出各式各樣的香椿保健用品，香椿在民眾心中已奠定其控制糖尿病聖品的地位。

香椿樹春天新芽抽出時，香味濃郁，芽苞和芽柄又脆又嫩，可拌豆腐、炒蛋、沙拉，或作成乾燥粉末提供素食者之調味品，是令人讚不絕口的春蔬。

香椿樹是很多家庭必種的庭園植物，在初春需強行修剪至約肩膀的高度。若不修剪，幾年後就會長到高不可及，早春修剪可以促生芽苞，增加收成數量。青草店主要供應香椿頭、香椿葉這兩種乾品，兩者效果差不多。民眾到青草店購買香椿幾乎都是為了糖尿病保健。香椿茶包是最暢銷的產品之一，茶包成分通常不會只有單品，另含明日葉、白鶴靈芝等複方。

[科　　別]　楝科
[功　　能]　利尿、降血糖
[使用部位]　根、莖、葉；
　　　　　　　鮮品、乾品
[使用方式]　內服
[繁　　殖]　植株、扦插
[栽　　種]　盆植、露地
[日　　照]　全日照

Life Time
● 種植：春
● 開花：夏天
　（但需種植很多年後）
● 採收：春～秋

TIP

1. 多年生落葉性喬木，生長迅速，在家栽種要注意修剪。
2. 需充分日照，要經常澆水，春秋定期施肥。

馬齒莧

紅豬母乳
白豬母乳
豬母乳

[科　別]　馬齒莧科
[功　能]　降血糖、濕疹、
　　　　　　皮膚癢、腸炎痢疾
[使用部位]　全草；鮮品
[使用方式]　內服、外用
[繁　殖]　扦插
[栽　種]　盆植、露地
[日　照]　全日照、半日照

Life Time
● 種植：春、秋
● 開花：全年
● 採收：全年

在台灣俗稱豬母乳，早期農業社會當作飼料來養豬，因其成份能促進母豬泌乳而得名。嫩莖嫩葉可炒食、涼拌、煮羹湯，近年開發出園藝選拔出來作為食用的品種。坊間也流行將馬齒莧作為糖尿病的保健膳食，自栽自食者越來越多。

白色馬齒莧以種植為主，綠莖、花白色；紅色馬齒莧為野生，紅莖、花黃色，鄉下田埂、空地、路邊常見。青草店供應白色鮮品為主。藥書提到馬齒莧有止消渴之效，糖尿病在中醫為消渴症，民間方例會把兩種馬齒莧用水煎服降血糖。另一種用途是用在腸炎痢疾，用紅色馬齒莧加黑糖煮水當茶飲。濕疹、皮膚癢，除紅色馬齒莧之外，再加艾草、魚腥草煮水洗澡，滋潤因起疹造成的乾燥問題。

唐朝苦守寒窯的王寶釧，家貧只好到處摘馬齒莧充饑。馬齒莧現在偶爾可在市面上看見販售，也因為其俗稱，名字甚不雅，改稱為「寶釧菜」。

馬齒莧（紅骨）。

白花馬齒莧。

馬齒莧乾品。

TIP

1. 耐熱、耐旱。宜將
花摘除，促進側枝
生長，長出更多的
葉與莖。

2. 以砂質壤土最佳，
不可積水，避免根
莖泡水腐爛。

藤川七

雲南白藥
洋洛葵
川七葉

餐廳或家庭用來入菜的川七葉，就是藤川七，是一種蔓藤植物；食用部位為葉子，葉片肥厚具黏性，常見的料理方式是摘取嫩葉與薑絲麻油大火快炒，或加入中藥材的枸杞子，還能補腎、明目。

藤川七原產於熱帶美洲，台灣早期引進栽培，現在已經適應台灣環境、氾濫成災。除了當成野菜吃，坊間還有民眾相信藤川七是一種草藥，用藤川七的零餘子燉雞肉，有滋補強壯之效。老年人消化系統退化，腸胃蠕動緩慢，容易便秘，藤川七黏液滑順，川燙或炒來食用，有助於潤腸排便。

民眾會把中藥材用的三七（中藥俗稱川七）誤以為就是藤川七（俗稱川七葉），兩者是截然不同的植物。三七是五加科，具有活血、止血及消腫止痛的功效，產量不多。藤川七為落葵科，多以野菜食用為主，野外隨處可見。

[科　　別] 落葵科
[功　　能] 滋補、潤腸
[使用部位] 莖葉、零餘子；鮮品
[使用方式] 內服
[繁　　殖] 零餘子、扦插
[栽　　種] 盆植、露地
[日　　照] 半日照

Life Time
● 種植：全年
● 開花：夏～秋
● 採收：全年

珠芽燉雞腿（葷）。

珠芽快炒（素）。

珠芽。

TIP

1. 需日照充足，葉子才會大而厚實。採收時間以清晨為佳，清晨葉片水份含量高。

2. 需立支柱栽培，為提高分枝數，摘心工作不可省略，以利側芽萌生，提高單株產量。

黃薑
白連蕉

薑黃

[科　　別] 薑科
[功　　能] 活血化瘀、解毒、
　　　　　　行氣、通經
[使用部位] 地下塊莖；
　　　　　　鮮品、乾品
[使用方式] 內服
[繁　　殖] 塊莖
[栽　　種] 盆植、露地
[日　　照] 半日照、全日照

Life Time
● 種植：春
● 開花：夏～秋
● 凋謝：冬
● 採收：全年

薑黃根莖所磨成的黃色粉末，為咖哩的主要香料之一。其成分薑黃素被研究出具有療效，可健胃、提高人體免疫力，預防感冒，中西醫均利用其特性入藥，民間常用薑黃粉、金桔汁，混入煮過的糖水，有助於舒緩冬天的感冒。若用於食材，薑黃是調味料之一

有國外醫學專家進行動物實驗，證實薑黃的抗氧化作用能延緩老化、活化腦部細胞、抑制肝炎病毒及不正常細胞生長，因此薑黃被認為能預防失智症、護肝解毒。

需釐清誤用已久的用法—開白花的薑黃早期沒有被視為藥材，反倒因其外型與白色美人蕉（俗稱白蓮蕉）很相似，而取了同樣的別名白蓮蕉；事實上，白色美人蕉是民間知名的抗癌藥材，非常罕見，在進口香料尚未普及的年代，薑黃被民間拿來代替使用、被認為能解毒抗癌，現在則偏重其保健的用途。

薑黃切面呈金黃色。

市售薑黃粉。

1. 多年生草本，喜濕熱，水份
   要充足供應，但土壤需排水
   良好。
2. 冬季地上部會完全乾枯，只
   留地下根莖休眠，來春清明
   時節回暖萌芽。

球薑

薑花
紅球薑
南薑

[科　　別] 薑科
[功　　能] 祛風、健胃
[使用部位] 地下塊莖；鮮品
[使用方式] 內服
[繁　　殖] 種子、分株
[栽　　種] 盆植、露地
[日　　照] 全日照

Life Time
- 種植：春
- 開花：夏～秋
- 凋謝：冬
- 採收：全年

球薑又名紅球薑，其花序夏天從地下冒出來，球狀苞片內含液體，會由綠色轉變成紅色，故名為紅球薑。中醫藥典認為球薑有助改善過敏性鼻炎、鼻竇炎等問題，且有健胃、祛風、散寒等功能，是適合食療的草藥植物。

球薑也有一個積非成是的使用習慣，那就是台灣近二十年都把球薑當作南薑在使用。真正的南薑是另一品種，台灣很少人在使用，只有在醃製桃李時，採取南薑的根莖搗碎後當成醃漬調味料，以增添風味。但是民眾都習慣把球薑以南薑的名稱來用之，有些地方在賣南薑茶，用的材料不是南薑，而是球薑，一般青草店也只有賣球薑，不賣南薑。球薑煮薑母茶，微苦不辣，加黑糖比較順口，也可搭配紅棗、枸杞，冬天祛風寒，保健又養生。

民間方例治風寒感冒，材料有球薑、雞屎藤、紫蘇葉、魚腥草、薄荷，水煎溫熱服用。

球薑的地下塊根。

TIP

1. 多年生草本，喜愛高溫排水佳的環境；冬天一定會落葉。

2. 植株優雅，被栽種於庭園作觀賞用。筒狀花苞同時也是高級的插花素材。

薄荷
卜荷

夏天暑熱總想來一杯清涼消暑的青草茶,而青草茶裡有一股透心涼的味道,那就是薄荷。薄荷是青草茶原料之一,因其具有疏風散熱的效果,可增加口感及涼度。青草店使用的薄荷與花市所賣的薄荷品種不同,花市用的薄荷屬外來種,為西方香草植物,台灣品種的薄荷通常只在青草店販售。

產季在春夏,尤其在夏天來臨之前,吹過南風之後的薄荷品質較優,口感較涼、香氣濃。薄荷必須掌握好採收的當令時節,過早或過晚採收,品質好壞馬上區分得出來。青草店用乾品為主,鮮品則需視季節而定。

民間使用薄荷有疏風、散熱、頭痛、治外感風熱、食滯氣脹等功效。頭風感冒時,可摘取幾片薄荷葉泡茶,或搭配桑葉、雞屎藤水煎當茶飲。此外,薄荷含有大量的揮發性精油,煮青草茶時要後放,當青草茶煮好之後關火,再放入薄荷悶五分鐘。

[科　　別]　唇形科
[功　　能]　疏風、散熱、頭痛、消暑、提神
[使用部位]　莖葉;鮮品、乾品
[使用方式]　內服
[繁　　殖]　扦插
[栽　　種]　盆植、露地
[日　　照]　全日照

Life Time
● 種植:春
● 開花:夏~秋
● 採收:夏~秋

青草店常售的薄荷品種。

花市常售的薄荷品種。

薄荷乾品。

1. 多年生挺水草本，具蔓延匍匐性。喜潮濕，生長在溝畔、田埂及濕地。
2. 可至青草店購買枝條扦插，花市少見賣青草茶用途的薄荷。

明日葉精力湯
活力續航營養高。

明日葉是打精力湯最常使用的植物，它富含蛋白質、眾多維生素、二十多種礦物質及葉綠素、食物纖維等，營養全面又均衡，既可維持人體鹼性體質，又擁有優良抗氧化劑—鍺，使得它在眾多保健植物中，名氣長年不墜。

不少人把明日葉精力湯當作早餐，一來它營養成分高，可促進一天活力，二來它鮮綠的色澤看起來很好喝，並兼具養顏美容效果，吸引許多愛美女士趨之若鶩。通常明日葉以鮮品現打現喝最佳，不建議冷藏，除了避免氧化，新鮮度也最高。打精力湯時可以加入鳳梨、蘋果等水果，喝起來口感不單調，而且香氣更濃郁，顏色也漂亮得多。

明日葉是從日本傳過來的，現在台灣有不少人種植，且沒有野生的品種。除了鮮品，曬乾的明日葉也可煮水服用，效果亦佳。

萬點金為落葉灌木，葉子跟梅花葉很像，因此別名「梅葉冬青」。萬點金具有清熱活血、解毒通經絡等功效，取萬點金煮水，顏色微微透明，口感苦後回甘，它是民間最常用於袪傷解鬱以及肺部保健的草藥茶飲。

將萬點金根部洗淨，放入鍋中與水燉煮，先開大火煮沸再轉小火二小時，煮好之後去渣便可飲用，對固肺益氣很有幫助。材料若用曬乾的萬點金根，苦味較重；使用鮮品則苦味較輕，回甘較多。除了以水煎服，另一種運用方式則是在煮茶之後，鍋內再加進排骨，繼續燉煮成萬點金排骨湯，這道藥膳料理，食用後可改善多年跌打損傷，而燉雞或排骨亦具有促進孩童發育。

萬點金茶
固肺益氣助解鬱。

紫茉莉肉片湯

健胃整腸效果好。

紫茉莉的花很漂亮，開花的時間都在傍晚家家戶戶升火作飯時，因此從前人們喊它為「煮飯花」。早期愛美的女生，會把它的花瓣壓出汁液，用來染紅指甲或塗抹在嘴唇上，因此它也叫「胭脂花」。紫茉莉的地下塊根，模樣就像顆小芋頭、小地瓜，別看它其貌不揚，它可是具有解毒及健胃整腸等功能，用處甚大！

紫茉莉根含有樹脂，對皮膚具有刺激性，容易過敏的人在處理紫茉莉根時，最好戴上手套。將紫茉莉根洗淨，以菜刀刀背將外皮刮除，刮掉外皮的紫茉莉根，裡面是白色的；接著將去皮的紫茉莉根切片，加上少許肉片，放進電鍋中煮熟即可。煮好的紫茉莉肉片湯，主要食用的是它的湯和肉片，紫茉莉本身是不吃的。

「曇花一現」是比喻人或事物一出現便迅速消失，像曇花開花一樣。這句成語大家都在課本裡學過，不過，真正看過曇花開花的人並不多，因為曇花一年只開花二至三次，不但都在夜間盛開，而且開花後幾小時便馬上萎謝。在藥用上，由於鮮花難尋，人們多半摘下剛凋謝的曇花，曬乾並保存起來。

冰糖燉曇花是民間常用的食療偏方，對肺部保健、改善咳嗽，效果良好。使用二至三朵曇花，鮮品或曬乾均可，若是乾品，先洗淨放置冰箱一晚，鮮品則洗淨後即可；接著將曇花切碎，加上少許冰糖，與2000cc的水一起放進電鍋，隔水燉煮半小時左右即完成。

煮好的成品呈黏糊狀，口感黏稠，香甜可口，它可以滋潤肺部、止咳化痰；若是不愛甜食者，也可以把冰糖改成肉，做成曇花肉絲湯。

冰糖燉曇花

香甜滑稠最潤肺。

虎耳草茶

溫熱飲用治肺熱。

虎耳草因為外觀似耳朵，葉片紋路像虎斑而得名，由於造型可愛，常被人們種在庭院裡作為觀賞用植物。其實它在民間引為藥用，歷史已很悠久了，以前要是家裡有人得了中耳炎或耳疾，長輩們總會摘一片虎耳草的葉子，揉出少許汁液，滴進耳朵內，不管化膿或腫痛，很快都會痊癒。

虎耳草適合栽種的季節是冬天至春天，它喜歡比較陰濕的環境，一般居家也很容易栽培。虎耳草除了外用，內服多半是拿來煮茶，或者燉湯。將虎耳草全株摘下洗淨，取約150克加入4000cc的水，大火煮沸轉為小火約半小時，就可熄火飲用。虎耳草茶喝起來有淡淡的香氣，可以加少許冰糖增添口感。虎耳草用在食療上，具有肺部保健的功能，所以喝虎耳草茶最好是以熱飲為佳。

艾草是中國人重要的民俗植物，每當端午節，家家戶戶都會把艾草紮成束，掛在家門口，認為可以避邪去毒保安康。中醫針灸時，用來燃燒刺激穴道的，也是艾草。而除了外用之外，艾草在內服的運用上也很多元，像「艾草燉絲瓜」就是民間普遍用來改善尿酸指數及膽固醇過高的偏方。

準備新鮮艾草約150克，將絲瓜洗淨去頭尾，切段不去皮，與艾草一起放進電鍋的內鍋中，內鍋不必加水，然後隔水加熱，大約蒸煮一小時，讓艾草與絲瓜的水分融合在內鍋裡，最後將湯汁過濾，飲湯即可。因為融合了艾草的微苦和絲瓜的香甜，所以嚐起來有著獨特甘香的口感，對於經常抽菸、膽固醇過高者來說，艾草能活血驅風，絲瓜可利尿解熱，一個月喝個兩次，就頗有幫助。

艾草燉絲瓜
清血降壓妙用多。

魚腥草茶
免疫提升抗病毒。

魚腥草是一種多年生的草本植物,因為莖葉揉碎後會散發出魚腥味,故名。魚腥草在傳統中醫的使用上相當廣泛,現代藥理實驗也證明它能抗菌消炎,提高機體免疫力。在新流感疾病流行期間,曾有中醫推薦大家飲用魚腥草茶,主要就是它具有清熱利尿、抵抗病毒之功用。

取曬乾的魚腥草約150克,洗淨後與5000cc的水一起放入鍋內,先大火煮沸後轉成小火十五分鐘,關掉爐火,並放進一小把薄荷,再蓋上鍋蓋燜約五分鐘。完成後去渣取其湯汁,冷、熱飲用均可。魚腥草本身因為有解毒利尿的功效,民間常把它當作心血管疾病的預防茶飲,它對於感冒咳嗽、鼻子過敏也有輔助效果,一年四季服用皆適宜。夏天可以冷飲,用來利尿排毒,冬天則熱熱的喝,可改善鼻子過敏症狀。

含羞草是種有趣的植物，一碰觸到葉子就會收縮，到了晚上，葉子也會自動閉合起來，這種白天開、晚上閉的特性，就跟人類白天活動、夜裡睡覺沒兩樣，因此也被稱為「愛睏草」。含羞草晚上葉子會閉合，有人認為它有助眠作用，因此用它煮水飲用，藉以改善睡眠問題。

取含羞草根、艾草頭及魚腥草各約80克（一律使用乾品，且記得選用艾草頭非艾草葉），洗淨後與5000cc的水一起放入鍋中，大火滾開後轉小火一小時，煮到水量剩下約一半，分兩天飲用完畢。冷、熱飲皆可，因為喝起來味道略苦，可加少許冰糖，以增口感。

含羞草除了幫助睡眠外，本身也有輔助膽固醇降低的功能，老年人長期夜裡睡不著，或是睡眠品質不好，常喝可以減輕壓力、有助安眠。

含羞草助眠飲
安睡一覺到天明。

明日葉

長生不老草

春秋戰國統一六國的秦始皇，一心求取長生不老秘方，傳聞扶桑國神山裡有長生不老藥，派人渡海尋求靈草，任務最後沒有成功。不過，在日本八丈島上的火山群中，茂盛地長著一種神奇之草，它是火山爆發後第一個長出來的植物，颱風摧不毀，火山燒不滅，因而被傳說就是長生不老藥，今天摘下葉片，明天又會冒新芽，因而得名「明日葉」。

明日葉的營養均衡，是天然的營養寶庫，屬藥食同源的民間草藥，被認為對血壓、血糖有幫助。嫩莖葉可供蔬菜，一般以炒食、川燙、煮食、精力湯、製作茶包等為主。

使用方法是乾品煮水或鮮品榨汁，皆適用於利尿排毒、高血壓、糖尿病的保健。常見糖尿病的保健，可以乾品搭配盤龍參、芭樂乾煮成茶飲。鮮品榨汁氣味特殊，可加檸檬、蜂蜜，據說有保肝的養生效用。

[科　　別] 繖形科
[功　　能] 清血、降壓、肝炎
[使用部位] 全草；鮮品、乾品
[使用方式] 內服
[繁　　殖] 苗株、種子
[栽　　種] 盆植、露地
[日　　照] 半日照

Life Time
● 種植：春
● 開花：春～夏
● 採收：全年

明日葉乾品。

TIP

1. 多年生草本的弱光植物，於冷涼地區栽培。喜潮濕肥沃土壤，根系伸展好，生長才會迅速。

2. 九月至十月、三月至四月為播種期，夏天需遮陰，每月施肥一次。

113

金絲薄荷
活血丹

金錢薄荷

金錢薄荷被認為能活血化瘀，常運用在輕微腦震盪、腦部瘀血、輕微中風等後遺症上。到青草店來買鮮品回去榨汁的民眾，十之八九是為了腦部活血化瘀的問題而來。金錢薄荷榨汁加蜂蜜，或是搭配紅田烏、黃花蜜菜，榨汁早晚服用，民間相信對於車禍受傷後遺症、久年不癒的內傷，可帶來改善效果。

屬於薄荷的品種之一，葉片圓形似錢幣，有淡淡的獨特香氣，榨汁口感苦，沒有薄荷獨有的清涼味。在青草店的使用上，不歸類在薄荷品種，因為其用法與薄荷完全沒有關係。

金錢薄荷外型上與含殼草（雷公根）極為類似，與香草植物的薄荷又不同，金錢薄荷莖四方、唇型花，會依附在地面上攀爬，而含殼草的莖圓形、繖形花序，全株光滑無毛；兩者氣味不同，為辨別兩者的最主要特徵。

[科　　別]　唇形科
[功　　能]　活血化瘀、健胃、
　　　　　　咳嗽
[使用部位]　全草；鮮品榨汁、
　　　　　　乾品水煎服
[使用方式]　內服
[繁　　殖]　扦插、分株
[栽　　種]　盆植、露地
[日　　照]　全日照、半日照

Life Time
● 種植：春
● 開花：春～夏
● 採收：全年

常見種在花台上的金錢薄荷。

TIP

1. 多年生蔓藤，喜溫暖潮濕，要避免積水，多生於山區、平野、溪邊比較陰濕的地方。
2. 產季從冬天到夏天，過年之後最多。夏天熱，生長緩慢，產量少。

燈稱花
白甘草
黑雞骨
岡梅

萬點金

[科　　別] 冬青科

[功　　能] 祛傷、止咳、消暑、解熱

[使用部位] 根、莖；鮮品、乾品

[使用方式] 內服

[繁　　殖] 苗株

[栽　　種] 盆植、露地

[日　　照] 全日照、半日照

Life Time

● 種植：春

● 開花：春

● 結果：夏

● 採收：全年

萬點金又名岡梅，常見於中醫藥材配方，也是民間預防心血管疾病、肺部保健的基本草藥。其根莖的口感層次，先苦而後回甘，故名白甘草。其花如梅花，開放在向陽的山崗上，墨綠色莖幹上遍布白色皮孔，恍若滿天星斗，因而得名萬點金。

萬點金是苦茶的重要原料之一，鮮品入喉甘甜、生津止渴，可化解胸悶鬱結之氣。郊外登山缺水口渴時，萬點金被列入荒野求生的救命丹之一，根部鮮品能生津止渴，據食用過的人分享其效之強，幾乎是「一整天都不會再口渴」。

青草店只使用根莖部位。對於癮君子、肺部有雜質、久咳不癒者來說，萬點金是祛傷、熱肺的藥膳植物，可煮水當茶飲，或單味燉排骨來日常保健。而萬點金加上魚腥草，亦可預防心血管方面的問題。

未熟果。

成熟果。

TIP

1. 冬青科大多為常綠植物，萬點金為少數會落葉的種類之一。苗株種植比較好，可作為庭園觀賞植物。

2. 喜高溫，全日照或半日照均可，以腐植質土壤生長最佳，花期約一至三月，果期約三至六月。

紫茉莉

[科　　別]　紫茉莉科
[功　　能]　健胃、痔瘡
[使用部位]　地下塊根
[使用方式]　內服
[繁　　殖]　塊根、種子
[栽　　種]　盆植、露地
[日　　照]　全日照

Life Time
● 種植：全年
● 開花：全年
● 採收：全年

紫茉莉在民間習慣稱之為「煮飯花」，是一般用於胃痛、胃潰瘍最常使用的植物。相傳開花時間在傍晚，古早農家婦人趁著閒空去串門子、打嘴鼓，接近傍晚時分看見紫茉莉開花，就知道要回家煮飯了。其實紫茉莉上午也會開花，此典故應只是一種比喻。其花瓣汁液可以作染料，在沒有化妝品的年代，女性喜歡摘花瓣榨汁，塗抹在嘴唇當胭脂，故名「胭脂花」。

煮飯花頭是紫茉莉的根部，在傳統習俗中有健胃效果，常用在胃痛、胃潰瘍。紫茉莉品種多，藥用大多使用白色紫茉莉，地下塊莖去皮切片燉瘦肉，可用來舒緩胃潰瘍、痔瘡，主要為健胃整腸的食補功效。

民間流傳紫茉莉忌鐵器，因此家庭在烹調時都會避開使用含鐵成分的材質來處理。處理煮飯花頭，務必帶上手套，皮有刺激性，碰觸到會引起皮膚癢痛。

觀賞用的紅花品種。

乾品。

紫茉莉的地下塊根（鮮品）。

TIP

1. 生長能力強，除了白花品種外，台灣還有其他色系的園藝觀賞品種。

2. 喜溫暖氣候，不挑環境，注意適當施肥、澆水。病蟲害較少，適合在家種植。

曇花　月下美人

[科　　別] 仙人掌科
[功　　能] 潤肺、止咳
[使用部位] 花；鮮品、乾品
[使用方式] 內服
[繁　　殖] 扦插
[栽　　種] 盆植、露地
[日　　照] 半日照

Life Time
● 種植：全年
● 開花：夏～秋
● 採收：開花時

「曇花一現」是從小就常聽到的成語，花期短、花美麗，是最適合種在家裡的民間植物。民間早已把曇花視為良藥，相信曇花可以清肺、滋潤肺部，治久咳或肺部不好。千百年來民間偏方流行用曇花加冰糖煮水喝，或燉瘦肉食用。

青草店供應曇花乾品或鮮品，以肺部保健為主，單味使用居多。購買回來的曇花清洗乾淨後，切斷並浸泡在清水裡，放入冰箱冷藏一晚，於隔天再取出，加冰糖水煮；目的在把曇花的效果泡出來，口感會較軟嫩。

早期有農家種在灌溉溝渠的石縫中，足見曇花的生命力有多強，夾縫中有土就會生長。開花季在夏天，一年只開二到三次，花期短，約晚上七、八點徐徐綻放，十點左右盛開。有說法指出，曇花要在綻放之前採收，開花後隔天採收的曇花，據說效力打了折扣，因此有人會特別指定要還未全部綻放完畢的曇花。

食用部位（鮮品）。

食用部位（乾品）。

TIP

1. 喜溫暖濕潤、半陰環境。不耐霜凍，忌強光。

2. 多年生的仙人掌科，葉狀莖柔弱，應設立支柱。盆土不宜太濕，夏季避免陣雨沖淋，以免浸泡爛根。

121

虎耳草

金線吊芙蓉

[科　　別]　虎耳草科
[功　　能]　中耳炎、久年咳嗽、
　　　　　　清涼解毒
[使用部位]　全草；鮮品、乾品
[使用方式]　外用、內服
[繁　　殖]　分株
[栽　　種]　盆植、露地
[日　　照]　半日照

Life Time
● 種植：冬～春
● 開花：春
● 採收：冬～春

虎耳草栽培歷史久遠，在台灣使用廣泛，多外用於耳朵發炎。取虎耳草新鮮葉數片，搗汁或搓揉出汁液，紗布過濾，使用之前先用棉花棒稍微清拭耳內膿液，滴入約二至三滴的虎耳草至耳內，一天二到三次，根據情況連續使用三至七天，每天採新鮮葉片來使用。

虎耳草有清熱、涼血、解毒等功效，內服適用於久咳不癒、咳吐膿痰，可用新鮮的虎耳草水煎當茶飲。若用於降肝火等肝臟保健的方向，可以鮮品燉瘦肉食用。

《本草綱目》描述虎耳草的特徵：「虎耳。莖高五、六寸，有細毛。一莖一葉，葉大如錢，狀似初生小葵葉及虎之耳形。」也就是說，其葉形似老虎的耳朵，葉脈白如老虎的斑紋，葉片最大朵可以大到手掌般大。

葉脈紋路是明顯特徵。

TIP

1. 性喜稍涼冷、半陰的環境。土壤保持適度潮濕，但排水需良好，否則容易腐爛。秋冬種植，春天為盛產期，株形較大，入夏後怕熱易枯萎。

2. 株型矮小，葉形漂亮容易種植，花市常見，是適合在家栽種的藥用植物；亦可作吊盆種植，用於室內綠化裝飾。

艾草

祈艾
艾頭

艾草是廣為人知的民間藥用植物，用於避邪去毒，為端午節必備的民俗植物。早期農家會將其入菜炒食，或是艾草嫩葉洗淨切碎，煮熟後再揉入糯米粉，也就是非常受歡迎的青草粿。

艾草的民間用途蘊含老祖宗智慧，將艾草乾品點燃煙燻，可避邪、殺菌、驅蚊。頭痛、頭風時，以艾草頭(根部)燉豬腦或雞頭，或嫩葉用苦茶油煎蛋。鮮品燉絲瓜，民間認為對膽固醇過高是不錯的藥膳。皮膚癢時，艾草加香茅、茉草、芙蓉，煮水泡澡。

艾草的最大特色在搓揉葉片可聞到濃烈草香味，葉背有綿密白絨毛。很多人會將其與茉草弄混，以為是同一種植物。要提醒的是，外來種的銀膠菊也與艾草非常相似，經常被誤用。銀膠菊有毒，花粉有毒性，吸入過多會造成過敏、支氣管炎，直接接觸引起皮膚發炎紅腫。

[科　　　別]	菊科
[功　　　能]	清血、降壓、頭痛、避邪、皮膚癢
[使 用 部 位]	全草；鮮品、乾品
[使 用 方 式]	外用、內服
[繁　　　殖]	苗株
[栽　　　種]	盆植、露地
[日　　　照]	全日照、半日照

Life Time
- 種植：全年
- 茂盛：夏～秋
- 採收：全年

葉背呈白色。

TIP

1. 向陽、排水良好處，均能生長。喜溫暖濕潤，耐乾旱，耐寒性，生命力與適應性強。

2. 土壤不宜太硬，需讓根部在地下竄，即使把根剪斷，也還可以存活發芽。冬天較少，春夏較多。

魚腥草

蕺菜
臭搓草
狗貼耳

[科　　別]　三白草科
[功　　能]　排毒、利尿、止咳、
　　　　　　潤肺、降壓、胃潰瘍
[使用部位]　全草；鮮品、乾品
[使用方式]　外用、內服
[繁　　殖]　根
[栽　　種]　盆植、露地
[日　　照]　半日照

Life Time
● 種植：春
● 開花：春～夏
● 採收：春～秋

魚腥草又名臭搓草，聞其名會以為味道很難聞，其實它是普為人知的民俗植物，曬乾後味道清香，又具保健效果，是使用率非常高的藥用植物。有一傳說魚腥草為觀音菩薩所賜，唐三藏西天取經時，觀音池裡的金魚下凡成妖精，在通天河吃掉童男童女，罪孽深重，觀音慈悲將池中水草種子灑播人間治病救世。

曬乾後不會有腥味，味道佳。中醫認為能清肺熱、止咳、解毒、利尿等。魚腥草含揮發油，不宜久煎，水煮二十分鐘後關火、放入薄荷悶五分鐘，是利尿排毒的茶飲。冬天不慎感冒咳嗽，可搭配雞屎藤、萬點金、薄荷，趁熱飲用，改善鼻子過敏症狀。

也可外用在皮膚過敏，民間常將嫩葉搗汁後，外擦在蕁麻疹患部或煮水洗澡。藥膳作法則將鮮葉汆燙後配蒜醋涼拌，作為日常清熱清毒的保健之用。

葉背呈紅色的品種。

魚腥草乾品。

TIP

1. 早春吐出嫩芽，性屬怕熱，入夏之前莖葉茂盛，適合採收。

2. 喜潮濕，可水生。土壤要維持濕潤，野地、路旁、庭園樹下、山野溝壑等較陰濕地方，大片蔓生。

見笑草

含羞草

[科　　別] 含羞草科

[功　　能] 尿酸、骨刺、失眠、
肝炎、糖尿

[使用部位] 根莖；鮮品、乾品

[使用方式] 內服

[繁　　殖] 種子

[栽　　種] 盆植、露地

[日　　照] 全日照、半日照

Life Time
- 種植：春～夏
- 開花：夏～秋
- 結果：秋～冬
- 採收：全年

含羞草的葉片用手觸碰後，馬上會閉合垂下來，這是很多人小時候的記憶。在家裡種植幾株含羞草，除具有觀賞價值外，也是頗具效果的保健植物。草藥書記載具清熱、安神、消積、解毒等作用，含羞草也被民間列為肝臟保健的常用草藥之一，配方使用含羞草頭（根部）加糖水煎服。此外，老人家風濕骨痛、長骨刺，可用含羞草頭燉尾椎骨加米酒。

使用含羞草以根部為主，葉片不使用，鮮品、乾品皆可，一般認為有助眠效果。失眠、神經衰弱、心情鬱悶等，可用含羞草、魚腥草、艾草頭、磨盤草，十二碗水煮成六碗水，早晚各服用一次。也常見有糖尿病、痛風患者購買，煮水當茶飲，希望對血糖及尿酸會有幫助。

很多人會將含羞草與同樣有休眠作用的葉下株弄混。含羞草全株有倒鉤刺，葉下珠沒有刺，葉片下方長有花朵及果實，很像成串的小珠子，葉子閉合的速度則比含羞草慢。

TIP

1. 用種子繁殖，春秋都可播種，或直接到花市購買小苗。

2. 多年生草本，耐半蔭，莖基會木質化。

牛奶埔燉雞
美味補身顧筋骨。

小本牛奶埔是筋骨保健食療料理最基本的藥材，對於身材瘦小或者小兒發育，燉雞服用效果很好。取用小本牛奶埔的根莖部分約300克，鮮品或是曬乾皆可，洗淨後切段，加水大約5000cc，大火煮沸轉小火兩小時，至最後剩下約2000cc湯汁。把湯汁與切塊後的雞肉或雞腿一併放進電鍋之中，此時不妨再加上適量的米酒、枸杞和少許的紅棗，持續燉煮至肉爛，成品不必再加鹽或味精，直接食用即可。料理過程中，加入米酒的功用，在於可以增添風味，對於筋骨保健的效果也有加乘作用。

小本牛奶埔可以單獨燉雞，或和狗尾草、含殼草合起來一起煮，也可以與其他有助於筋骨的材料如小本山葡萄、桃金孃、刺五加、夜合等一起入菜，是小孩子青春期發育或老年人筋骨退化的最佳食補。

桃金孃為常綠灌木，常見於丘陵坡地，果實成熟時是紫紅色，果肉微甜帶有香味，鳥類很愛啄食。它的花很漂亮，大小與桃花相似，色澤豔麗，有些人是將它種在家裡作為觀賞之用。桃金孃的根可以入藥，它能活血通絡，對於關節發炎、腰肌勞損、腰酸背痛等症狀，可以有效改善。

挖取桃金孃的樹根，大約150克，洗淨曬乾備用。以適量尾椎骨先汆燙，再和桃金孃根一起放進電鍋中，加1000cc的水以及少許米酒，隔水燉煮至尾椎骨熟爛即可。由於桃金孃根口感頗澀，所以必須加上富含油脂的肉類來增添料理風味，米酒則是對藥效有加分作用。

尾椎骨是豬尾巴上面那一節，中醫理論有「以形補形」之說，在這道藥膳中，尾椎骨是用來當作藥引，藉以改善人們腰酸背痛之症。

桃金孃燉尾椎
以形補形最滋補。

小本牛奶埔

牛奶埔
羊奶頭
台灣天仙果

牛奶埔是民間筋骨養生藥材的首選之一。由於口感佳，味道香，很多登山客熟悉此植物，所以野生的牛奶埔越來越少見，而今使用多以栽培為主；但是一般認為，野生品種的效果與味道，會比栽種的品種佳。

一般來說，鮮品的保存較不易，容易發霉，乾品則可保存三到六個月，可以依需求分批使用。較多人使用根莖部分，搭配山葡萄、一條根燉排骨，或是再加枸杞、黃耆泡酒，於睡前小酌，當成筋骨酸痛的保養飲品。

常綠灌木，全株內有白色乳汁，果實不能生吃，民間用成熟果實泡酒後，燉雞燉排骨。價格適中，味道好，處理方式又容易，是食補界的當紅食材。

[科　　別] 桑科
[功　　能] 舒筋活血、補腎、
　　　　　　腰酸背痛
[使用部位] 根莖；鮮品、乾品
[使用方式] 內服
[繁　　殖] 種子、扦插、植株
[栽　　種] 盆植、露地
[日　　照] 半日照

Life Time
● 種植：春
● 開花：全年
● 採收：全年
　（約3年才可採收）

小本牛奶埔乾品。

TIP

1. 種子播種，扦插亦可。選擇潮濕冷涼、排水良好之壤土。定植三年後採收。
2. 全年可採，果實生長期在秋天。花市有賣盆栽。野外多生長在樹蔭底下，通風良好的半日照環境。

小本山葡萄

小號山葡萄

[科　別] 葡萄科
[功　能] 酸痛、明目
[使用部位] 根莖；鮮品、乾品
[使用方式] 內服
[繁　殖] 扦插
[栽　種] 盆植、露地
[日　照] 半日照

Life Time
● 種植：春
● 開花：春、秋
● 採收：全年
　（多年才可採收）

山葡萄品種多，小本的特徵在於葉較小，葉背有灰白絨毛，嫩莖細長容易攀爬，根頭附近的莖較粗。因小本貨源少，不同部位的價格有差異，莖藤較便宜，根部效果較佳，價格相對高一些。

山葡萄於青草店的使用方法，大約有三方向：燉排骨，用於筋骨養生；燉雞肝，用於眼睛退化保健；泡酒，以風濕及筋骨疼痛的預防保健為主。

老年筋骨酸痛退化，搭配牛奶埔、一條根燉排骨，來舒緩酸痛。眼睛退化，搭配枸杞根、千里光，來作為眼睛保健。筋骨養生、老年退化，加牛奶埔泡酒，以強化筋骨。山葡萄口感酸澀，泡酒時，牛奶埔的比例要多一至二倍，口感較佳。也有民眾加上消渴草、埔鹽根等，來作為控制血糖的輔助。

葉背有白色絨毛。

小本山葡萄乾品。

TIP

1. 多年生落葉性藤本，不挑環境，嫩莖葉
   生長速度快，但粗莖則成長緩慢。鄉下
   多種在牆壁、樹旁，使其自然攀藤。

2. 花市有賣小盆栽，果實似一般小葡萄，
   需提供棚架以利植株攀爬生長，適合綠
   化庭園、綠籬美化之觀賞植物。

刺三加
白刺仔

三葉五加

青草店有兩種品種：三葉五加、刺五加。三葉五加為台灣原生種，葉子為三出複葉，刺五加為五片葉子，為外來種，兩者效果相近，常混用。辨識特徵在三葉五加的嫩莖上有很多倒鉤刺，易使人受傷，木質化後的粗莖比較沒有刺。五葉品種的刺五加多為人工栽培，以泡茶及盆栽觀賞為主。

鄉下喜歡用三葉五加的鮮品，泡米酒三個月以上，保養筋骨和骨刺。氣血不足、體虛者，需提升免疫力時，煮牛奶埔搭配刺五加，可補元氣。刺五加的根莖用於祛風除濕，味道近似人參。與中藥房使用的刺五加為不同品種。

還有人喜用葉片乾品製成茶包，用於提升免疫力。若閃腰扭傷，也有人使用三葉五加的嫩葉加麻油煎蛋，或粗莖泡酒，可舒緩不適，改善症狀。

[科　　別]　五加科
[功　　能]　筋骨酸痛、跌打損傷、
　　　　　　　活血通絡
[使用部位]　根莖；鮮品、乾品
[使用方式]　內服
[繁　　殖]　扦插
[栽　　種]　盆植、露地
[日　　照]　半日照

Life Time
● 種植：春
● 開花：夏
● 採收：全年（多年才可採收）

三葉五加。

刺五加。

三葉五加藥用部位──成熟的藤蔓。

TIP

1. 插枝繁殖最容易。多年生藤蔓，全年不落葉，秋季開花，成熟果實鳥類愛啄食。

2. 喜陰濕，露地種植生長情況較好。注意不要積水，避免根系腐爛。

夜合

夜合頭

[科　　別]　木蘭科
[功　　能]　接骨、止痛、祛風、
　　　　　　關節退化
[使用部位]　根莖；鮮品、乾品
[使用方式]　內服
[繁　　殖]　扦插
[栽　　種]　盆植、露地
[日　　照]　全日照

Life Time
● 種植：春
● 開花：全年
● 採收：全年（多年才可採收）

夜合是骨頭酸痛、筋骨退化的保健青草藥，民間也用在骨折、骨頭受傷的癒合。夜合的樹枝質地硬，在青草藥的概念裡，材質越硬，越適合筋骨保健。

生長速度極緩慢，從栽種到採收木質化部位，需耗時十至二十年，屬高單價的青草藥，只用根莖，種植多年後一株約三千至四千元以上。坊間多認為根比莖的效果好，因此產生價格差異，根較貴，莖較便宜。

關節退化保養，可加釘地蜈蚣、大疔癀，增強消炎作用。骨頭受傷斷裂，可搭配杜仲燉排骨。單品水煮需兩小時以上，分批煮費時，建議一次煮一斤，十五碗水煮成八碗，煮好後冷藏保存，喝時再燉排骨，分四天食用，早晚各一碗。

夜合的花色郁白，味清香，近似玉蘭花的香氣，入夜後香氣更馥郁。

夜合乾品。

1. 春天扦插，花市賣小盆栽。宜栽種在大尺寸的花盆，避免成株根系破壞花盆或傾倒。建議露地種植，生長較快速，最高可達三至四公尺。
2. 適應任何環境，早期鄉下多栽種庭院旁，服用兼觀賞。

杜虹花

台灣紫珠
白粗糠

[科　　別] 馬鞭草科
[功　　能] 筋骨酸痛、小便白濁
[使用部位] 根莖；鮮品、乾品
[使用方式] 內服
[繁　　殖] 扦插
[栽　　種] 盆植、露地
[日　　照] 全日照

Life Time
● 種植：春
● 開花：夏
● 結果：秋
● 採收：全年（多年才可採收）

白粗糠是藥材名，一般稱作杜虹花，是藥燉排骨的基本用藥。藥典記載男性虛弱、腎水不足或小便白濁，與腎功能有關係。上班族久坐辦公室、容易腰痠者，搭配牛奶埔、刺五加燉排骨，舒緩腎虛腰痛。

戶外幾乎是紅花品種，開紅花、結紫珠（果實），故名台灣紫珠。白花品種幾乎只有藥草園耕種，一般認為白花效果好，價格自然水漲船高，青草店偶爾紅白混合，兩者藥效差不多。年長、腎虛引起的身體虛弱，適合用白花，紅花有通血路功能，適合血液循環不好者。

使用部位在根莖。冬天手腳冰冷、筋骨酸痛，民間藥酒配方用白粗糠、白龍船、骨碎補、牛奶埔、一條根，再加少許紅棗、黃耆，泡酒三個月，於每天睡前服用10cc。

紅花品種的杜虹花。　　　　　白花品種的杜虹花。

TIP

1. 可扦插種植。野生杜虹花高三公尺，開花期極為壯觀，果實纍纍、紫光照耀滿枝，分佈低海拔山林，在林緣、道路旁處處可見。

2. 春夏季開花，夏秋季結果。適合生態花園或環境復育種植使用，居家栽培宜選購小型品種種植。

141

桃金孃

水刀蓮
多年仔

桃金孃花色鮮豔，具觀賞價值，是相當受歡迎的青草藥之一。老年人有腳膝蓋退化、走路無力的發炎症狀時，可選用桃金孃的果實泡酒，以改善腳無力的情形。青草店只賣根莖乾品，其質地堅硬，若與白粗糠搭配更能加強改善膝蓋退化的現象；而搭配牛奶埔、一條根，亦可舒筋補骨。

民間另一種用法，桃金孃加上骨碎補、山葡萄來燉排骨，可補腎、收澀；也有一說，為降血糖、糖尿病保健，還會搭配牛奶埔，水煎服用。

桃金孃很好辨識，莖部曬乾後切開呈暗紅色。每年初春至夏天開花，雄蕊數目眾多，花絲細長是桃金孃的特徵。紫黑色果實帶有類似梅子香氣，可做成果醬食用。

[科　　別]　桃金孃科
[功　　能]　舒筋、活血、消炎、止痛
[使用部位]　根莖；乾品
[使用方式]　內服
[繁　　殖]　苗株、播種、扦插
[栽　　種]　盆植、露地
[日　　照]　全日照

Life Time
- 種植：春
- 開花：夏
- 結果：秋
- 採收：全年（多年才可採收；果實秋天可採）

成熟的果實。

TIP

1. 播種、扦插繁殖，栽培介質以砂質壤土為佳，在乾旱貧瘠之地，也容易生長。野外常見長在階梯、石頭縫隙處。
2. 強健易植，適合庭園造景花卉植栽用。性喜溫暖、濕潤、向陽至蔭蔽之地。

白花虱母子

虱母球
三腳破
野棉花

青草店習慣稱為三腳破,植物學名是野棉花,分白花、紅花。用法上認為白花效果較佳,故青草藥園以種植白花為主,紅花多採自野外。青草店用根莖乾品或全草鮮品。

民間方例的內容,根據搭配的東西不同,保健的方向就不一樣。用於慢性胃病,以根部燉豬腳。治腫毒疔瘡,根部加上忍冬藤、大花咸豐草。眼睛退化保健,搭配山葡萄、千里光、枸杞根、山素英、九層塔頭、牛奶埔,燉雞肝。用於清涼解毒,可加上黃蓮焦頭、絲線吊銅鐘、山芙蓉,燉瘦肉。

中醫強調以形補形,青草藥的各種方例,也有相同道理。眼睛保健常用到雞肝,筋骨酸痛用尾椎骨來作藥引。

[科　　別] 錦葵科
[功　　能] 明目、解毒、筋骨酸痛
[使用部位] 根莖乾品、全草鮮品
[使用方式] 內服
[繁　　殖] 種子
[栽　　種] 盆植、露地
[日　　照] 全日照

Life Time
- 種植:春
- 開花:夏～秋
- 種子成熟:秋
- 採收:秋～冬

白花品種。

紅花品種。

TIP

1. 小灌木，冬天會落葉，需全日照。容易有病蟲害。花序內有五顆種子，小小一顆大小如綠豆。

2. 少有盆栽種植，多是藥用植物園在栽種。到戶外，褲管最常沾黏到的種子有兩種，一是大花咸豐草，再來就是野棉花的種子，兩者非常容易繁殖。

金線連

台灣金線連

金線連屬多年生藥用植物，全草可入藥，是民間極珍貴藥材。因葉表墨綠色鑲以金色網狀線條而得名，近年大量採摘，野生數量銳減，多採人工種植，鮮品價格高。

一般花市推廣的紅色線條品種，與青草藥店使用的本土品種不同。藥用植物園多自行授粉交配，種植在玻璃瓶內，幾個月後進行分株，需一年左右的時間才能採收。

金線連的湯汁，色澤淺紅，有一股淡淡香氣。一般認為野生的效果佳，由於數量稀少，原則上建議改用人工種植的鮮品，以確保珍貴物種永續繁衍。

元氣不足、住院後身體虛弱，不少民眾會選擇用金線連燉雞湯補身體。冬天容易咳嗽、久咳不癒，可搭配桑葉、雞屎藤等。也因為價格昂貴，市售的金線連茶包，多混合七葉膽、魚腥草等複方作為茶飲。

幼苗期的栽培方式。

[科　別] 蘭科
[功　能] 潤肺、咳嗽、滋陰、清涼、降壓
[使用部位] 全草；鮮品、乾品
[使用方式] 內服
[繁　殖] 組織培養
[栽　種] 盆植、網室
[日　照] 半日照

Life Time
● 種植：春
● 開花：夏～秋
● 採收：全年

花市常見的園藝品種。

TIP

1. 喜腐植土。平地種植在網室內，嚴格控制濕度和溫度，以確保產量的穩定及經濟效益。

2. 有一定的栽培難度。盆栽種植可種在其他植株旁的下方，避免太陽直射，以防溫度過高，同時創造溫暖潮濕環境，以利生長。

盤龍參

綏草
清明草
青龍纏柱

[科　　別] 蘭科
[功　　能] 清熱、滋陰、止咳
[使用部位] 根、全草；
　　　　　　鮮品、乾品
[使用方式] 內服
[繁　　殖] 苗株
[栽　　種] 盆植、露地
[日　　照] 全日照、半日

Life Time
● 種植：春
● 開花：春
● 採收：清明前後一個月

盤龍參別名青龍纏柱，花序有如紅龍螺旋抱柱，名稱由此而來，盛產季在清明節前後一個月，故名清明草。不開花時，與禾本科雜草相似，一年採收只有兩個月左右。根部有如白色小蘿蔔般肥厚，民間認為根部越肥厚，效果越強，一般來說，清明節之前的品質較佳，若等到開完花之後，養分被消耗殆盡，根部會變小，效果相對較差。

坊間的清明草有兩種。早期農家在清明時節，取鼠麴草的嫩莖葉製成糕粿來祭祖，故鄉村農家的清明草是指鼠麴草，兩者易混淆。民俗上認為盤龍參能補元氣、顧筋骨。每年清明節前夕，總有民眾大量購買根部泡酒，保健老人家腳膝無力。說到筋骨保健，青草店通常會優先推薦牛奶埔、一條根等，若在清明節來買的話，則多優先推薦盤龍參。

目前野生的盤龍參已經愈來愈少見了，因此大家要有保育觀念，即使在戶外遇見它，也千萬不要任意採摘、破壞生態！

盤龍參乾品。

TIP

1. 多年生草本，生長在開闊草地上。喜溫暖潮濕，若過於乾燥會生長緩慢。

2. 需保水性強的壤土、泥炭土。繁殖採用分株法，在花朵凋謝後進行。

149

檸檬蘆薈汁
去火養顏氣色好。

蘆薈具有清熱、消炎的效果，民間使用歷史相當悠久，不少家庭會在院裡種上幾株，方便隨時取用。不過，蘆薈品種多達百餘種，真正有藥效又能食用的並不多，使用前必須注意；如果不能確定的話，建議到青草店購買，選以葉片肥厚、中間段，品質最佳。

將蘆薈葉片邊緣的刺削掉，取出裡面的葉肉，放進果汁機打碎。再準備大約1200cc的水加上四兩冰糖，煮滾後放涼備用。取檸檬兩顆、擠出檸檬汁，先放進冰糖水中，再與蘆薈葉肉攪拌均勻，就是清涼好喝的檸檬蘆薈汁。

喝蘆薈汁能養顏美容，也有潤腸作用，適合排便不順的人飲用；由於蘆薈天生有股腥味，因此才用檸檬來調和味道，同時亦可增添風味。蘆薈若用不完，必須放進冰箱冷藏，保存期限約可達一星期。

洛神花茶是以洛神花的花萼為主要材料，煮的時候可以加上仙楂、烏梅，喝起來風味更佳。取洛神花約100克，與30克仙楂，及兩個烏梅一起入鍋，加上5000cc清水，先大火煮沸再轉成小火二十分鐘，去渣之後加進冰糖或砂糖，糖的份量依喜好自行斟酌，先在室溫進行冷卻，再放進冰箱內冰鎮冷藏，保存期限約可達一星期。

洛神花茶具有解熱、平衡體內酸鹼值，以及改善體質、促進新陳代謝等功效，但是因為口感非常酸，故得添加冰糖或砂糖比較能入口，若有人怕發胖不想攝取過多糖份，也可以改放陳皮，滋味也很不錯。另外，煮過的洛神花花萼可別忙著丟掉，撈出之後與冰糖一起裝進玻璃罐內，再放進冰箱冷藏，大約一、兩天左右，就能品嚐到酸酸甜甜的洛神花蜜餞。

洛神花茶
酸酸甜甜好滋味。

鴨舌癀煎蛋
婦科調理最適宜。

鴨舌癀是民間有名的婦科青草藥，它是一種生命力強悍的多年生草本植物，莖細細長長的，匍匐於地面，靠近海岸的路旁、田埂、溪邊等地，經常可以發現它的蹤跡。鴨舌癀對婦科調經理帶的作用甚佳，以前家中的女性長輩都會買給女兒或媳婦，作為調理月經不順或是改善生理經痛之用，甚至也有人認為它有幫助受孕的功效。

鴨舌癀用法一般是水煮及煎蛋兩種，水煮的話是當茶飲來喝，煎蛋則是口感不錯的家庭菜餚。先挑選鴨舌癀的嫩葉，洗淨後切碎，加一顆雞蛋或鴨蛋，打勻混合，再用苦茶油或麻油熱鍋，把蛋液放進鍋中，煎或炒來吃。這道菜不需要加鹽巴或味精，對於月經不調、閉經白帶等，功效良好，不過最好趁熱食用，冷了之後味道會較為苦澀。

| 左手香是台灣民間普遍的藥用植物，它能降火、殺菌、消炎，以前家家戶戶都會種上一點，不管這裡腫、那裡痛，或者被蚊蟲叮咬，都能有效去除症狀。

| 感冒引起的喉嚨痛，左手香也有不錯的功效。摘取左手香新鮮的嫩莖葉，避開太粗的梗，洗淨、瀝乾，再用冷開水重覆洗一遍，接著加一點開水，放入果汁機中一起打碎，去渣過濾備用；再將柳橙擠出果汁，把兩種汁液混合攪拌一下，便能飲用。一般來說，柳橙汁和左手香汁的比例約為8：2，柳橙汁比例高會比較好喝，反之，左手香汁較多，則消炎降火的效果比較好，但口感就稍微遜色了些。

| 如果想讓這杯左手香柳橙汁更好喝，不妨添點蜂蜜進去；若是講求效果的話，則可以加鹽巴，對於改善喉嚨腫痛，非常有效。

左手香柳橙汁
消暑降火效果佳。

蘆薈

蘆薈被認為是保肝的保健良品，老一輩習慣用蘆薈蒸蜆仔，給熬夜讀書或加班、口乾舌燥、肝火旺的年輕人補身體。民間主要用在燙傷、燒傷、曬傷及青春痘，將葉片去皮外敷，一天數次。喉嚨發炎、降火、便秘時，葉片去皮加開水榨汁飲用，可依口味添加檸檬、蜂蜜或煮開過的糖水，增加口味的層次感。

民眾買回家後，應放在通風處，儘速使用完畢，或用紙包裹、套上塑膠袋，放在蔬果冷藏櫃，約可放二周。蘆薈性涼，榨汁一定要稀釋，不宜喝原汁。外皮含腹瀉成分，口感苦，不能食用。孕婦、痢疾、體質偏寒者，不宜過量。

蘆薈在日常生活容易取得，是最經常被使用的保健植物之一。夏天乾旱普遍生長不佳，春秋雨水多，肉質較肥厚。挑選技巧首重葉片的厚度，葉厚肉質多，處理較容易。

[科　別]	百合科
[功　能]	保肝、降火、便祕、美容、消炎、止咳、健胃
[使用部位]	葉片去皮、花序
[使用方式]	內服、外用
[繁　殖]	分株
[栽　種]	盆植、露地
[日　照]	全日照

Life Time
- 種植：春、秋
- 開花：夏～秋
- 採收：全

TIP

1. 春天種植，全年可採，採收季節最好在夏天之前。若水分不足，葉背會出現枯黃顏色。
2. 葉片無法扦插，一個花盆只能保留一棵，使其充分生長。日照不足的環境會徒長。

155

洛神花
洛神葵

顏色鮮豔的洛神花茶口感酸甜，是吃完油膩食物之後的最佳飲品。洛神花原產於馬來西亞、印度等地，被當成藥用植物，日本時代由新加坡引進台灣，台東地區採經濟規模栽培，被譽為「紅寶石」，是農民經濟來源之一。

近年中草藥的研究指出，洛神花具有護肝效果，有助於消化道吸收、活血、清熱及消積，是漢方藥材常見的原料。洛神花果萼可以生吃、水煮、製成蜜餞。台灣本土生產的色澤較鮮紅，國外進口偏暗紅色。

洛神花茶是台灣暢銷飲品，女性朋友喜歡不加糖，利用洛神花促進膽汁分泌的特性，分解體內多餘脂肪，達到瘦身效果。洛神花茶建議飯後飲用，能幫助消化去油膩。但民間有一種流傳說法，指孕婦不適合飲用洛神花茶。

鮮品的產季在秋冬季節。 一般市售以乾品為主，冬天可熱飲，購買時需注意有無受潮。

[科　　別] 錦葵科
[功　　能] 清血、消脂、消積、肝炎
[使用部位] 花萼鮮品、乾品
[使用方式] 內服
[繁　　殖] 種子、苗株
[栽　　種] 盆植、露地
[日　　照] 全日照

Life Time
- 種植：春
- 開花：夏
- 結果：秋
- 採收：秋

市售常見花色不同的洛神花果醬。

1. 一年生植物，耐旱耐貧
　瘠。北部在初春播種，入
　夏後開花結果，花期短，
　十月雨季前採收。
2. 採收後的洛神花萼需去除
　裡面的種子，才可使用。

茺蔚子
坤草
白益母草
鴨母草

益母草

《本草綱目》記載益母草主治活血調經、利水消腫、血滯經閉、產後惡露不盡等,為婦科經產要藥,故有益母之名。莖呈方柱形,四面凹下成縱溝,葉像艾草羽狀分裂。性微寒、味苦澀,孕婦、血虛、虛弱性腹瀉者忌服。

有澀苦味的藥材之所以燉肉,乃因肉有滋補作用,除加強效果,亦可柔化苦澀食材,讓口感變得順滑香濃。家有少女初經,可在經期前後水煎燉肉,或搭配紅棗、黑糖當茶飲。民間老一輩有一說法,稱益母草加上白花虱母子燉雞,可調經理帶,增加受孕機率。

更年期的諸多不適,用益母草水煎去渣後,搭配四物湯,據說有滋潤美膚效果。傳說唐朝女皇武則天將益母草燒成灰,拌入米湯內敷臉按摩,年過八旬皮膚依舊剔透動人。

[科　　別]	唇形科
[功　　能]	活血、調經、瘀血腹痛、婦女白帶
[使用部位]	根、全草;全草;鮮品、乾品
[使用方式]	內服
[繁　　殖]	種子
[栽　　種]	盆植、露地
[日　　照]	全日照

Life Time
● 種植:春、秋
● 開花:春～夏
● 採收:春～夏

幼株。

TIP

1. 一年生草本。春天播種，秋天採收。
   土壤要求不高，保持環境溫暖，土壤
   濕潤即可。益母草有分白花、紅花品
   種，一般使用以白花為主。

2. 尚未開花前的嫩莖，扦插或許有機會
   發根。開完花後，宿存花萼易刺手，
   宜留意。

過江藤
白鴨舌癀

鴨舌癀

[科　別]	馬鞭草科
[功　能]	調經、理帶、祛傷、解鬱
[使用部位]	葉片；鮮品、乾品
[使用方式]	內服
[繁　殖]	扦插
[栽　種]	盆植、露地
[日　照]	全日照

Life Time
- 種植：春～夏
- 開花：秋
- 採收：全年

鴨舌癀與益母草的功效雷同，是青草店最常使用的婦科藥用植物。民間用法是將嫩葉切碎，用苦茶油（體質燥熱者）或麻油（體質虛冷者）煎蛋，用於調經理帶，減輕月經不順、經前疼痛等問題。另有說法認為鴨舌癀煎蛋食用，可活化子宮血氣，促排卵正常，將子宮調整到最佳狀態，希望增加受孕機率。

女性調經理帶的民間方例，多用鴨舌癀搭配益母草、白龍船花頭燉肉或煮水喝。在青草店常碰到有人問：女性有補方，男性又該怎麼補？男性重在壯陽補腎，民間用法多使用牛奶埔、杜虹花等複方，兩者方向不同。

烹煮用的鴨舌癀，宜挑葉肥厚，莖較少的。野生品種葉小而厚實，水分多，莖占大部分，多生長在海邊、溝渠、鄉間灌溉溝渠。採收主要在夏秋，以前採藥人多在海濱地區採摘，是典型的砂礫灘植物。

TIP

1. 多年生草本，全年可採，割
　過一次還會再長。需防病蟲
　害問題。
2. 鴨舌癀植株低矮，蔓生匍匐
　性，適合作為水土保持用之
　地被植物。

半枝蓮茶

排毒增強免疫力。

半枝蓮是多年生草本植物，具有清涼排毒的效果，全草可入藥。近年因為媒體BBC報導，英國科學家研究發現，半枝蓮的提煉物對於腫瘤有一定的抑制作用，使得這個不起眼的民間草藥，瞬間成為全球矚目的抗癌新希望。

取半枝蓮一兩加上二兩白花蛇舌草，兩種皆使用乾品，洗淨後與十五碗水一起燉煮，先大火煮沸後轉成小火，將水煮到剩約一半，即可分成一、兩天飲用。可以趁溫熱時喝，喝不完的話就得冷卻後放冰箱冷藏。如想特別加強其療效，有些人也會在半枝蓮與白花蛇舌草之外，增放一至二兩小金英，以及鐵樹葉少許。煮的時間越久，效果越好，但加了小金英後，味道會變得苦一些。一般青草店都有現成配好的包裝，可直接選購。

九層塔燉排骨是民間常見的小孩轉骨藥方，適合青春期的孩子服用。一般菜市場內販售的九層塔以葉為主，青草店則是去葉，留下根莖作藥用。

將300克新鮮或曬乾的九層塔根莖，切成段狀洗淨，以1：10的比例，加入3000cc的水，以瓦斯爐大火煮滾，再轉到小火繼續煮一至二小時，直到剩下約1000cc，濾去藥渣之後，將煮汁與排骨或雞腿，一起放入電鍋，加入些許米酒，再燉上一小時後即完成。單以九層塔燉排骨，可能會覺得口感偏苦，可加入狗尾草與紅棗、枸杞一起燉煮，狗尾草可加強療效，而紅棗與枸杞則是去除苦澀的滋味。

將煮好的九層塔燉排骨分成兩天，早晚各一碗食用，冬天時服用頻率次數可多，夏天則要減少次數，未吃完的部分要冷藏，要吃的時候再將其溫熱服用。

九層塔燉排骨
青春期轉骨良方。

九層塔

羅勒
紅骨九層塔

[科　　別] 唇形科
[功　　能] 袪傷、調經、
　　　　　　小孩轉骨
[使用部位] 根莖；鮮品、乾品
[使用方式] 內服
[繁　　殖] 苗株、種子
[栽　　種] 盆植、露地
[日　　照] 全日照

Life Time
● 種植：春
● 開花：夏〜冬
● 種子成熟：冬
● 採收：秋〜冬

九層塔的根莖是民間青春期轉骨最常使用的藥材之一。很多家長在子女發育期間，以九層塔頭（根部）搭配含殼草，加酒燉雞，希望男孩人高馬大、女孩亭亭玉立。要釐清楚的是，轉骨藥方不在補鐵補鈣，目的在袪傷解瘀健脾胃。也有一說認為紅骨可保養小孩肺部，利用袪傷的特性，趁服用轉骨藥期間順便調整體質，讓小孩氣喘在轉骨後獲得改善，另外，需注意轉骨藥不能喝冰的。

但是也有很多年長者也喜愛使用九層塔頭，因為九層塔可行氣活血，對於成年人的氣血阻塞及內傷有很大幫助，因此每年會有許多人固定前來購買九層塔頭煮水溫服，以通血路，作為筋骨的保健及養生。

九層塔堪稱香草之王，《楚辭》中提到的香草「蕙」就是九層塔，以其香氣來形容賢能者。九層塔在民間藥典占有重要角色，可治跌打損傷、老人腰酸背痛、行血益氣等。

九層塔乾品。

1. 一或二年生草本，需適當修剪採收葉片。喜溫暖潮濕氣候，多在九月採收根莖。

2. 適合在家栽種，取食嫩葉，開花凋謝後可採集根部曬乾保存備用。

狗尾草

貓尾草
狗尾呆
通天草
狐狸尾

[科　　別] 豆科
[功　　能] 健脾利濕、開胃、
　　　　　　殺蟲
[使用部位] 根莖；鮮品、乾品
[使用方式] 內服
[繁　　殖] 種子
[栽　　種] 盆植、露地
[日　　照] 全日照

Life Time
● 種植：春
● 開花：夏～秋
● 種子成熟：秋～冬
● 採收：全年

狗尾草是健胃整腸的基本藥用植物。身材瘦小、吸收能力較差的小孩，或是脾胃虛弱的老年人，皆可固定藥膳保養，有助於增加食慾，增強抵抗力。台灣隨處可見到「狗尾雞」的招牌，主要材料有狗尾草和烏骨雞，是新興的藥膳食補。

青草店主要供應根莖切片，水煎後燉雞腿，用在開脾胃。曾有阿嬤苦惱孫子不吃飯，以狗尾草燉雞加二顆鹹橄欖，鹹橄欖開胃又增添香氣，連續食用一段時間後，孫子從不愛吃飯到一餐可吃滿兩碗飯。

早期衛生習慣不良、營養不均衡，小孩體內容易長蛔蟲，鄉下家庭多採摘野生的狗尾草煮水喝，據說葉子越多，殺蟲效果越好。

狗尾草的味道甘醇，帶有人參味，博得「台灣人參」之譽。民間習慣煮水當茶飲，搭配枸杞、紅棗、人參鬚、黃耆。

狗尾草雞湯的使用部位（鮮品）。

TIP

1. 夏季開花，花穗很像狗尾巴或狐狸尾巴，故名為狗尾草。全年可採收。

2. 生於山坡灌木叢邊或雜草叢中，台灣幾乎採大量栽培，以種子播種。花具觀賞價值。

含殼草

積雪草
蚶殼草
雷公根

[科　　別]　繖形科
[功　　能]　保肝、胃脹氣、健胃、
　　　　　　整腸、清熱、利濕、
　　　　　　小兒發育
[使用部位]　全草；鮮品、乾品
[使用方式]　內服
[繁　　殖]　植株
[栽　　種]　盆植、露地
[日　　照]　全日照、半日照

Life Time
● 種植：春
● 開花：全年
● 採收：全年

含殼草是胃脹氣、消化不良的最佳保健植物。葉片形似蚶或蜆殼，故俗稱含殼草，短莖略帶淡紫色。記得早期物資缺乏的年代，母親常用含殼草煎蛋，連莖切成細碎，口感雖帶苦味，還是挺好吃的。一般認為含殼草有助於健胃整腸，減緩兒童腸道不適等情況，搭配九層塔燉雞湯，作為青少年轉骨的滋養良方。用法類似狗尾草，不同的是，含殼草兼保肝、消胃脹氣等功效。

《本草綱目》稱其為積雪草，取其性涼之意，具清涼解熱功效，也因含殼草兼具顧腸胃的特色，青草茶內常有此方。青草店主要賣全草，鮮品口感較不苦，清洗較容易；乾品的雜質較多，不易清洗，口感也較苦，故鮮品比乾品受歡迎。

外觀容易與金錢薄荷混合。含殼草的莖圓形，光滑無毛，葉子如圓幣，開柄處留了缺口，是主要特徵。金錢薄荷的莖四方，有獨特香味，而含殼草則要曬乾後才有其獨特味道。

TIP

1. 台灣原生多年生草本，野外處處可見，具綠化效果。

2. 莖密貼地面匍匐生長，土壤需維持適當濕度。

向天盞

半枝蓮

半枝蓮一兩、白花蛇舌草二兩是青草店首選的排毒基本方，兩者幾乎一定搭配在一起，居家保健用乾品煮水當茶飲，若注重預防及療效，水煎時間需更長，據說更能呈現出效果，不耐苦味及體虛者，可加紅棗十八顆來調配口味及藥性。

青少年熬夜考試，內分泌旺盛、火氣大、容易長青春痘，半枝蓮、白花蛇舌草加冰糖煮水喝，可當日常茶飲。容易口乾口臭者，則以半枝蓮、白花蛇舌草、小金英加冰糖少許，水煎當茶飲。

花是主要辨識的關鍵，因淺紫色的花朵都開在同一邊，故名半枝蓮。幾乎每家青草店都把半枝蓮、白花蛇舌草以一比二的比例，做成現成的茶包，方便民眾回家煎煮飲用。

[科　　別]　唇形科
[功　　能]　清熱解毒、消炎止痛
[使用部位]　地上莖葉；
　　　　　　　鮮品、乾品
[使用方式]　內服
[繁　　殖]　種子、分株
[栽　　種]　盆植、露地
[日　　照]　全日照、半日照

Life Time
● 種植：秋～冬
● 開花：冬～春
● 採收：春

TIP

1. 多年生草本，喜溫暖及濕潤，半日照環境易可生長，宜選擇疏鬆、肥沃、排水佳的砂壤土，忌積水。

2. 採收一般以地上部分為主，採收後根部會繼續發新芽，可採收多次，種子亦可繁殖。

雙寶藤 忍冬 金銀花

金銀花是殺菌消炎、抗病毒最常使用的藥用植物，兼具觀賞價值，非常適合在家種植。中醫方劑經常使用到金銀花，治療炎症、熱性傳染病等，古人描述「金花間銀蕊，草藥抵萬金」，足見金銀花應用之廣泛。藥書記載「金銀花善於化毒，治腫毒、風熱感冒、溫病發熱等」，SARS期間盛傳金銀花可治療上呼吸道感染，造成搶購風潮，價格一夕暴漲，漲了近十倍。

中藥房使用花朵，稱為金銀花，青草店使用根莖，稱為忍冬藤。根莖乾品用於保健養生，花乾品用於泡茶、抗菌或感冒，一般認為在花含苞待放之前採摘的金銀花，效果較強。

青春期長青春痘，可用金銀花煮水加冰糖喝，對青春痘有改善作用。若用於排毒時，常搭配白花蛇舌草、黃花蜜菜、紫花地丁、夏枯草作為清熱解毒的茶飲。而忍冬藤有通絡作用，也可燉排骨，用在筋骨酸痛的預防保健。

[科　　別]　忍冬科
[功　　能]　清熱、解毒、抗菌、舒筋活絡
[使用部位]　根、莖、花；乾品
[使用方式]　內服
[繁　　殖]　扦插
[栽　　種]　盆植、露地
[日　　照]　全日照

Life Time
● 種植：春
● 開花：夏～秋
● 採收：夏～秋

TIP

1. 繁殖力強，花形漂亮，銀白對
　照，適合當藤架遮陰植物。
2. 家庭種植多是葉軟帶毛的品
　種。夏秋季節預防褐斑病，加
　強水分管理。

PART 2

青草藥常見
Q&A 30

新手入門也不怕！
精選 30 題常見 Q&A，一次解決
對青草藥所有的疑問與迷思。

Q1 藥草跟野草該怎麼區分？

青草藥是台灣民間的藥用植物，從古流傳至今多年，累積有豐富的先人經驗和智慧。青草通常在住家附近、田埂、公園、空地等處隨手可得，不僅大眾化，也價格普通；事實上，無草不藥，每一種植物皆有其用途及功能，只是有沒有被研究或發掘出來其特性。而路邊的野草只要其有藥用的使用價值，均屬於藥草。

例如，公園、建築工地、空地等常見的大花咸豐草、車前草、牛筋草、藤川七、紫茉莉、五節芒、桑葉、白茅根、桑葉、構樹，或是石頭縫隙常見的腎蕨等，不認識其藥效的民眾會以為是野草，事實上，醫典或民間藥典，都記載有其效用及功能。

藥草與野草的界定，是很模糊的，每一種新鮮的植物或多或少都有其藥用的價值。基本上任何野草都可以被歸納到藥草之中，差別只在被使用的次數高或低，以及民眾對其的熟悉度夠不夠，因此，野草與藥草之間並沒有清楚的界定。

Q2 藥草可以常常吃嗎？

青草茶及苦茶，都是用於降火功能，藥材的屬性偏涼性居多。如果體質不是很虛冷者，建議一天一杯適量飲用，若火氣非常嚴重的時候，一天喝到二至三杯，基本上不會有問題。但是體質虛冷者，就不建議天天飲用，每隔二至三天喝一次，會比較適合。懷孕、痢疾或易腹瀉等特殊狀況者，則不宜喝。

藥草在使用上，還是會有服用時間長度以及次數的問題。每次服用藥草的時間長度，基本上是以一周為觀察期，在上一個服用階段再接下一個服用階段的中間，應該暫時休息一下，停止服藥幾天的時間。

有些用於筋骨痠痛的保健藥材，民間習慣融入生活食材當藥膳，其藥性屬溫和，只要符合當下體質的狀況，每到一個時間燉補藥膳來補一補身體是可以的。至於具有利尿成分的藥草，就不宜長期服用，應每服用四、五天再休息幾天後，才繼續服用，千萬不可以天天服用。

Q3 乾燥跟新鮮的藥草,效用一樣嗎?

| 青藥草有分新鮮的與曬乾的。有些藥草會有季節性的問題,不屬於該藥草的季節內,當然是使用乾品。一般來說,鮮品含有青草的水分,性味較涼,所以降火速度快,但保存期限比較短,容易腐壞,而乾品的青草材料,則有曬乾後的香味,以及保存期效較長的優點,且不會太涼。所有的青草茶飲,越早服用,效果越佳。

Q4 在家種青藥草跟香草植物有何不同?

| 香草植物具有獨特香氣以及美麗討喜的外型,經過大量推廣行銷,廣為民眾所熟知。香草植物多是外來種,經過馴化後有些香草植物已經適應台灣的天候及環境,以草本居多,扦插繁殖很容易,加上生長期短,很快就可以享受到收穫的成就感。

| 但是,藥草雖然有些也算是香草植物,有其獨特的香氣,有草本,卻也有灌木、喬木,生長速度較緩慢,有些到冬天會落葉。兩者最大的特點在,藥草是台灣民間的藥用植物,其性味較符合台灣人的體質。

Q5 藥草跟中藥材有何不同?

| 藥草是指在台灣的傳統藥用植物。未經過藥材的炮製過程處理,頂多只有進行曬乾切片的處理過程而已。貨源來自於台灣本地野生或是本地藥草園栽種的青草藥。在青草店以供應新鮮或乾品的品項居多,如仙草、蘆薈、石蓮花、左手香等,用途在保健為主。

| 中藥材則都會在醫療典籍上有記載,經過藥材的炮製處理,在中藥行販售。中藥材的貨源百分之九十來自於大陸進口,新鮮的品項較少,如杜仲、川芎、枸杞等,用途以治療為主。

| 青草與中藥材,大多數是不同的植物,僅約有百分之十的交集。

Q6　青草茶跟市面上其他茶飲的差別在那裡？

青草茶講究的是台灣在地青草的特色茶飲，遵循古法煎煮，慢火熬成。在青草巷販售的青草茶飲，幾乎都會水煎二小時以上。據瞭解，市售茶飲多數是用沖泡或濃縮劑，而冷飲是用熱水沖泡後直接加冰塊冷卻，但是青草茶店裡販售的冷飲，不用冰塊迅速冷卻，而是採取自然水冷式放涼之後，再放入冷藏櫃中冷藏，是沒有任何防腐劑，也不加冰塊的健康茶飲。

Q7　我在吃其他的中藥或西藥，是否能喝青草藥茶？

個人的體質不一，不管是吃中藥或西藥，不同屬性的藥材，建議中間一定要隔開二小時以上，才不致於讓兩種性質不同的藥效產生交互作用。

Q8　女性生理期、懷孕時是否可以喝青藥草茶？

體質比較虛冷者，建議生理期結束後再服用。若真的還是想喝，喝的量就要減少。生理期期間通常會想喝溫的，把青草茶加溫是可以的，不會影響效果，只是青草茶一般屬於清涼消暑降火之用，涼涼的口感會比較搭配。

懷孕期間體質相當敏感，尤其有些青草茶飲的成分不同，不知道添加哪些藥材，當中是否有不適合孕婦喝的成分，除非特別詢問，否則不容易去確定。因此，為求安全起見，謹慎為良策，盡量避免飲用。

可是，在古早時期，農業社會老一輩人的觀念中，有些懷孕婦女會在孕期間喝少許仙草茶，乃因仙草被認為可以退胎火，有些婦女在懷孕晚期受胎火所苦，就可以喝仙草茶，當然還是要視個人體質而定。但是，現代上班族女性，體質虛弱者居多，不像農村婦女每天忙進忙出、勞動做工，會建議懷孕婦女包括蘆薈、洛神、苦茶都不要喝。

Q9　仙草茶和青草茶有何不同？

青草茶由多種複方組合而成，口感層次多，香氣較多元，通常水煮二至三小時以上。仙草茶的基本配方就是仙草，民間傳統是煮越久越好，時間會比青草茶更久，越久越濃醇，味道及成分才會被釋放出來，通常在三至五小時以上。

Q10　我要選擇喝青草茶或苦茶呢？

大部分的青草茶會加微糖或本身口感不苦；苦茶則多數是不加糖的，口感非常苦。想要喝青草茶還是喝苦茶，首先要先選擇自己想要的口感是哪一種，想要香香甜甜的、適合全家飲用的，建議就選擇青草茶；若不想喝甜的，或疾病因素不能吃甜的，或本身就不怕苦，又或經常熬夜、口臭口乾、肝火大者，只要敢喝苦，就建議喝苦茶。

五爪金英（上）、白花蜈蚣（右）、紅骨蛇（左）、黑血藤是苦茶的主要材料。

Q11　鍋具使用上有什麼該注意的？

青草茶店大部分是使用不鏽鋼鍋水煮，若家有陶瓷鍋更好，陶瓷鍋材質透氣，會比不鏽鋼好。不建議使用燉中藥的藥壺，通常尺寸不夠大，好處只是時間可以控制。

煮青草茶時，藥材都要水洗三到五次，放入鍋中後放水，從冷水到水滾，草藥經過浸泡，有些效果可以先被釋放出來；也可以把藥材先泡冷水三十分鐘到一小時，再放入瓦斯爐上水煮，可以縮短水煮時間，且效果比較好。

Q12　為什麼每家青草茶的口味都不一樣？

每家青草店都會有其獨家配方，材料的組成各有不同。例如，仙草、大花咸豐草、薄荷等是很基本的青草茶原料，可是根據地區性、個人喜好，有些店家會加上桑根、七層塔、魚腥草；而南部店家則偏好加上鳳尾草、白花草，組成不同，口味就不同。

Q13　煮青草茶要放什麼糖？

青草店通常只用冰糖、砂糖、黑糖，不用白糖。白糖基本上對消化不好。多數是使用砂糖，因為砂糖的價格較符合成本，且容易購得。家裡使用可以選擇冰糖或黑糖，只是成本較高。青草茶要加哪一種糖都可以，全憑個人口味喜好，如煮薑母茶大多偏好用黑糖。有糖尿病患者不宜加糖。

Q14　煮青草茶的水要放多少？

煮青草茶基本上不會限定水量。一般來說，草本的重量輕，只需煮約一小時，水量稍微淹過青草即可。若是木本的重量比較重，通常要煮二小時以上，水淹過藥材再高約五至十公分水量即可。

舉例來說，有些藥材規定要八碗水煮剩兩碗水，很多人總擔心如何測量準確？方法其實很簡單，先將藥材放入鍋或壺內，放入兩碗水後，測量鍋或壺內的水位高度在哪裡，請記下高度的位置，等到水蒸發到這個高度的時候，就代表煮好了。如果發覺煮到一半，水量不夠，可以加水再滾。若是不慎煮到藥材燒焦了，就必須要丟棄。

水煎藥材的作法，通常是開大火到水滾後、再轉小火繼續煮，那麼到底火要轉到多小火呢？其實只要維持水有稍微滾動的程度即可，原則上小火煮到二小時，但過程中難免會有變數，要隨時去注意鍋或壺內的水位高度，是否已經到達當初預測的兩碗水位高度，接近了即可關火。

個人煎煮的習慣、時間、火侯掌控不同，煮出來的口感、品質都會有影響，同一個藥方，不同人煮，味道就不同。一杯青草茶好不好喝，影響的因素相當多。

Q15　青藥草除了可以食用外還有其他功用嗎？

青藥草除了當茶飲、野菜外，還可以避邪、泡澡、外敷、做成清潔用品等，如艾草可驅蚊，月桃可做成枕頭，左手香能外敷被蚊子咬的傷口，燙傷可使用蘆薈等，應用相當多元化。

Q16　如何判斷青草新不新鮮？

青草店每天都會進新鮮的藥用植物，新鮮貨的色澤鮮艷翠綠，水分飽滿，新鮮度非常夠，每片葉子看起來非常有朝氣，如果放了二到三天又沒有冷藏的話，葉片會枯黃下垂；而如蘆薈放久了的話，還會發側芽，這些都是不新鮮的跡象。

挑選鮮品的技巧，與在菜市場挑新鮮蔬菜差不多，選擇植株比較健壯，葉子較肥厚者，但青草藥是煮水來喝，不必像在菜市場挑菜一樣，堅持每一株都要很漂亮，草藥幾乎用不到農藥，少許有蟲咬痕跡是沒有關係的，只要不是枯黃掉、爛掉的都可以使用。

跟進貨蔬菜一樣，鮮品會先用水洗去掉雜質，重量變得比較重，放了一兩天後水分蒸散，重量就比較輕；只是煮水用的話，買乾品或鮮品並無差別，反而買乾品可以買到的量比較多，若選擇乾品，就要挑選聞起來味道較香、沒有受潮者品質較好。

新鮮的球薑（右）與放置數天之後的球薑（左）。

Q17　冰過的飲品可以直接喝還是要再熱過？

青草茶標榜沒有防腐劑，沒有化學食品添加劑，是非常健康的茶飲，百分之百確定一定要冷藏保存，冰過後想要喝溫的，加熱是沒有問題的，尤其筋骨養生的茶飲是一定要喝熱的，不能喝冷的，才會有加強效果，且筋骨痠痛者不適合吃太多生冷食物。

Q18　煮好的青草茶能放多久？

青草茶茶飲只要沒有喝完的，務必放在冰箱冷藏，五天內服用完畢。煮好的茶要立即使用隔水冷卻，之後趕緊冷藏。曾有民眾晚上煮好青草茶，想利用睡覺時間，放隔夜讓青草茶自然冷卻，結果第二天早上起來，青草茶就已經發酵壞掉了。

用曬乾的乾品煮出來的青草茶，煮好的湯汁較容易保存，保存期限可以多兩天；鮮品去煮的話，若不冰很容易壞掉。有些人習慣一次煮多一點，一部分放冷藏，一部分放冷凍；冷藏得在幾天內喝完，冷凍也建議一至二周內使用完畢。

Q19　在家裡陽台最常見栽種的青藥草有哪些？

蘆薈、薄荷、穿心蓮、左手香、芙蓉、薑黃等，民眾多種在門口或陽台上，除了容易栽種外，使用率也是相當普及化的，是青草店最暢銷的品項。

芙蓉是一般居家栽種中，
常見的青草藥品種。

Q20 服用保健筋骨、轉骨的藥草，有哪些注意事項？

| 筋骨保健、轉骨的藥草，一般設定在早晚服用一次，中午時段不宜服用，這是因為正午時段的血行速度快，酸痛藥本身容易促進血液循環，中午血氣正是最旺的時後，因此不宜。清涼降火的青草茶，就沒有這樣的區別。

| 腰酸背痛的藥補規則，如果正值不舒服的階段，會建議每天早晚服用兩次，連續服用一周到二周，這段時間是觀察期，觀察藥方對自己是否有幫助，若服用超過兩周都沒有差別，代表藥方對你沒有效果，就建議停止。

| 但是，如果沒有痊癒但感覺有稍微舒緩，就表示藥方與身體配合得宜，可在藥補完一至二周後，稍微休息二、三天，再繼續吃一周到二周，待狀況改善後，逐漸減量至痊癒。在此提醒，不是痊癒後就不用再吃藥補，等復發後才吃，建議可改成每月食補一至二次，作日常保健用。

Q21 有些草藥搭配燉葷肉，吃素者怎麼辦？

| 素食者可改用紅棗、枸杞、素料等，來取代雞肉、排骨等肉類；或是單純煮水喝即可，並建議飯後服用，不要空腹喝。

Q22 燉肉時為何要加酒？泡藥酒要使用哪種酒？

| 燉肉時，加入少許米酒，可當作藥引，對血液循環較好，加速藥材效果；藥材泡酒通常要泡三個月以上，且用一般米酒，不用料理米酒。有人偏好高粱酒加米酒混合，基本上不建議這種作法，用純米酒即可。

Q23 青草茶煮得好喝的秘訣？

| 在挑選藥材的時候，要以越新鮮的藥材為主，能優先選用台灣本土生產的青草最好，少部分才用進口的。因此藥材的選擇，要優先考量等級，建議不要太在意些

微價格的高低。

建議用傳統煎煮法，慢工出細活，慢慢煮、慢慢熬，水量及甜度的比例，都要維持一致性，煮好之後，薄荷要最後放；糖水建議另外處理，待煮滾後再加入青草茶中，因為糖水經過熬煮才會比較香，而這種煮法也會讓青草茶較不易變壞。

Q24 青草藥有草本和木本，要煮多久時間？

草本因為比較輕，煎煮容易出味，一般煎煮一個多小時即可；木本植物因為樹片比較粗厚，熬出效果需要比較長的時間，建議兩小時以上。若有精油揮發性的藥材則建議後放，不需煮太久。

Q25 蘆薈要如何處理呢？

使用水果刀，先將蘆薈兩側的刺去除。然後用小的不鏽鋼湯匙，以湯匙柄從蘆薈上層的皮與肉間切入，小心將上層的皮切開，除去不用的上皮，再以湯匙刮下果肉即可。

小提醒：蘆薈皮是苦的，內含瀉下成分，容易造成拉肚子，所以不適合使用。

1. 以刀削去蘆薈的邊刺。

2. 去除上皮。

3. 以湯匙取出果肉。

Q26 青草藥是如何計算價格的？

| 價格關乎於數量、成本、栽種技術難易度及季節等因素。大眾化、隨處可見的青草藥，如大花咸豐草、車前草等，價格會比較低廉，但價格高低不是決定藥效的因素，每種草藥各有其使用方向。

| 基本上，需要栽種的草藥，因為有人事成本，價格會較高；而稀有罕見的草藥，不容易種植，或必須採取野生品種，價格又會更高於一般青草藥。

Q27 藥草應該如何保存呢？

| 一般人多以為乾品不會壞，但台灣空氣潮濕，乾品是非常容易受潮而發霉、被蟲咬的。曬乾的藥材建議三至六個月內使用完畢，有些放久了會有蛀蟲，若覺得乾品味道走掉了、顏色變了、長了蟲，或袋子下面有一層沙土，那很可能是被蟲蛀掉的粉塵，就要整個丟棄，不要捨不得。

| 大部分植物不分乾品、鮮品，越新鮮的越好，都要趁鮮使用完畢，只有一兩樣如仙草及人參，放越久越好，越放越香醇。

| 又如小金英的乾品，剛採收時綠色有香氣，放了三個月後，就會轉變成黃色帶酸味。所以保存的技巧是趕快買、趕快用完，這樣效果才會最好。

Q28 藥草若要曬乾，要曬乾到何種程度呢？

| 有民眾會自行到野外採收常見的草藥，台灣的季節不穩定，夏天陽光夠大夠強烈，曝曬草藥會比較適合，但必須注意午後雷陣雨。真正有曬乾的藥草，經過好幾個月都不會發霉。至於要曬到何種程度？只要摸起來不要濕濕軟軟的，要聽起有沙沙的、感覺要酥掉的聲音最好，避免外乾而裡面沒有乾透。

| 藥草不可能永久保存，建議曬乾後半年內用完，放在通風地方，切忌潮濕環境，不要放在地板上；不一定都要放冰箱，畢竟冰箱空間有限；而鮮品大多一周內要用完，才能保存其新鮮度。

Q29 我有一塊地，
要栽種哪些藥草比較具有經濟價值？

| 想要大量種植青草藥，必須先了解自己的喜好和需求，並且要先了解通
路，再決定自己適合種植哪些草藥。
| 想種高單價藥草，有盤龍參、金線連、一葉草等；如果沒有太多時間照
顧，可種植一條根、山葡萄、牛奶埔、杜虹花等，這些品項的銷量有固定
比例，且木本植物無需特別照顧，不必天天除草或澆水等。
| 想要價格普通且使用普及化的，可選擇狗尾草、曇花、萬點金、虎耳草、
魚腥草、小金英、枸杞、蘆薈等。不建議種植容易腐爛的草藥如左手香，
因為如果沒有打好通路的話，左手香很快就會爛掉，導致血本無歸。

Q30 如果對青草有興趣，要去那裡學習呢？

| 可以透過網路查詢各地區的藥用植物協會，主動聯繫、了解哪裡有相關課
程可以諮詢或學習；社區大學也有開設相關課程，不妨多多利用。

PART 3

溫和食補！
簡單又美味的
養生套餐

結合所有青草藥的特性，溫和緩解身體的小
病痛，無論是想要好氣色、顧筋骨、驅寒氣，
或是養顏美容的一周精力飲，在這個單元內
通通教給你。

好氣色套餐。

對於臉色蒼白、月事較不順，及下腹部脹痛的婦女，可使用香蘭飯當主食，搭配益母草雞湯來祛瘀生新，另佐以龍葵炒豬肝及洛神花茶調整血氣，整天都能擁有好氣色。

龍葵炒豬肝

摘下龍葵的嫩葉部分，清洗乾淨，豬肝切片後先下鍋炒熟，最後再放入龍葵一起拌炒盛盤，龍葵才不會變黑。

香蘭飯

煮飯時，取用新鮮香蘭葉，大約3～4片左右，洗乾淨後裁剪成小段，加入淘洗好的米煮成飯，會有芋頭的香氣。

益母草雞

此為湯品，有去瘀養血之效，婦女月事不順適合食用。作法是將益母草加水煮1～2小時，以湯汁燉煮雞肉。

洛神花茶

洛神花加仙楂、烏梅一起煮水，先大火煮沸再轉小火20分鐘，去渣後加冰糖或砂糖，冷卻完放冰箱內冰鎮即可。

消脂套餐。

營養過剩、運動量不足，造成血脂肪過高問題，是很多人的共同煩惱，透過低熱量的套餐，能簡單以天然食材作溫和調節，讓身體負擔降到最低，吃的美味、贏得健康。

汆燙白鳳菜

取嫩葉在滾水汆燙過，撈起瀝乾，加上橄欖油、少許鹽及少許醬油拌勻，便可盛盤上桌。

香椿麵

將麵條置於滾水中煮熟撈起，拌上適量香椿醬即完成，作法簡單不用任何調味，是素食者常吃的麵食料理。

仙草雞

仙草洗淨，加水煮沸轉小火3小時，煮好後去渣備用，再將雞肉汆燙過，把仙草和雞肉放進電鍋，隔水燉熟即可。

石蓮花冷盤

石蓮花一般以生吃為主，這也是最簡單的食用方式，作法是將石蓮花的葉片洗乾淨，沾食蜂蜜或甘草粉來吃。

筋骨養生套餐。

針對現代人生活忙碌，長期坐姿不良；退化而引起的筋骨酸痛、循環差，可使用九層塔燉排骨，搭配上刺五加茶，來舒筋活血，再加上薑黃飯、川七葉以改善症狀。

刺五加茶

取三葉五加或刺五加均可，根莖部分事前須曬乾、切片，取適量洗淨加水，煮約2小時，便可關火飲用。

麻油薑絲炒川七

這道菜作法很簡單，摘下藤川七嫩葉，洗淨後與薑絲、麻油一起大火快炒，就是好吃的野菜料理，且具潤腸之效。

九層塔排骨

藥草洗淨，加水煮1～2小時，去渣取汁，不加水及調味料，放入排骨燉熟。此方對小朋友轉骨長高頗有幫助。

薑黃飯

薑黃調理多用「拌」字訣，做薑黃飯是先以飯入鍋，炒到快好時，拌入薑黃粉即可。若加少許胡椒鹽，風味更佳。

銀髮族套餐。

銀髮族最常見的問題,就是腳膝退化無力、手腳冰冷、習慣性便秘等症狀,透過本套餐的食療方法,可以改善老年人生活上的種種退化性症狀,讓退休後的生活充滿活力。

冰糖燉曇花

使用2～3朵曇花,鮮品或曬乾均可,洗淨切碎後,加上冰糖和水,一起放進電鍋,隔水燉煮半小時左右即完成。

汆燙馬齒莧

馬齒莧用在料理上,可以選取嫩葉,滾水汆燙後調味,因為馬齒莧具有潤腸作用,對於改善便祕具有不錯的效果。

牛奶埔燉雞

以小本牛奶埔根莖部分,加水煮沸轉小火2小時,把湯汁與雞肉入電鍋,加上米酒、枸杞和紅棗,煮到肉爛。

薑黃麵

將麵條置於滾水中煮熟撈起,加上鹽巴、橄欖油調味,最後灑上適量薑黃粉拌勻,即為營養美味的薑黃麵。

秋冬養生套餐。

秋冬兩季是天氣多變的季節，容易造成感冒風寒及腸胃不適的症狀，紫蘇及含殼草可驅風健胃，金線連及薑黃可作肺部保健及補益元氣，是秋冬最佳的養生食補藥材。

紫蘇茶

紫蘇葉洗淨，用滾開的熱水沖泡，燜3～5分鐘即可飲用。去風寒很有效，感冒可加點檸檬汁，可幫助快速痊癒。

含殼草炒蛋

含殼草嫩葉切碎，入鍋先翻炒一下，再把蛋汁淋在上頭，最後加鹽調味。此道菜對腸胃及月事肚子悶痛頗有幫助。

金線連雞

將雞肉先汆燙過，再和金線連一起放進電鍋中，隔水燉熟即成。金線連可和多種材料如枸杞、當歸等製成藥膳包。

薑黃麵

將麵條置於滾水中煮熟撈起，加上鹽巴、橄欖油調味，最後灑上適量薑黃粉拌勻，即為營養美味的薑黃麵。

一周精力飲。

上班族

外食頻繁的上班族，每天總有忙不完的工作，不可避免的飲食口味總是過重、偏鹹，每天早上來杯充滿活力的健康飲品，安心無負擔，在純天然的美味口感中迎接全新挑戰。

檸檬蘆薈汁

蘆薈葉肉放進果汁機打碎，水加冰糖煮滾放涼備用，再把檸檬汁與蘆薈葉肉放進冰糖水攪拌均勻，口感清涼好喝。

左手香柳橙汁

摘取左手香新鮮的嫩莖葉，以果汁機打碎，去渣過濾。再將柳橙擠出果汁，把兩種汁液混合攪拌一下，便能飲用。

明日葉精力湯

明日葉以鮮品現打現喝最佳，新鮮度最高。打精力湯可加入鳳梨、蘋果等水果，喝起來口感豐富，且香氣更濃郁。

青草茶

先煮糖水備用，再將仙草、大花咸豐草等材料，加水煮1小時，熄火，放入薄荷燜5分鐘，去渣與糖水混合即可。

苦茶

以五爪金英、白尾蜈蚣、穿心蓮等7～8種草藥，入鍋煮約1小時，熬夜、火氣大最適合飲用，不加糖效果更佳。

Appendix
附錄

青草藥種類繁多，特製的對照一覽表，無論是栽培與應用都能更得心應手；想進一步了解青草藥？台灣可供參觀的青草藥園資訊也整理在這裡；青草藥名稱筆劃檢索表，幫大家總整理了常見的青草藥別名，別再擔心弄錯囉！

● 栽培與應用對照表

清涼消暑區

內 內服　外 外用

	繁殖適期	繁殖方式	種植方式	生長期	採收期	使用部位	功能	使用方式	燉煮火候	使用禁忌	備註
仙草	春	·扦插 ·播種 ·買現成盆栽	盆植露地	春~夏	8月、10月	全草	消暑、降火	內 煮水、燉雞、仙草凍、燒仙草	大火滾後用小火3小時以上	幼兒、懷孕婦女、虛冷體質不建議使用	煮越久越好
茅草根	春	分株	盆植露地	全年	全年	地下根莖、花序	降火、利尿	內 煮水	大火滾後用小火1.5小時	同上	
小金英	春	·播種 ·分株	盆植露地	全年	全年	全草	清涼、降火	內 煮水、榨汁	大火滾後用小火1~2小時	同上	有苦味
白鶴靈芝	春	·扦插 ·買現成盆栽 ·分株	盆植露地	夏~秋	全年	莖葉、根部	清涼、降火	內 莖葉煮水、根部燉豬心	大火滾後用小火1小時	同上	
五爪金英	春~夏	·扦插 ·播種	盆植露地	春~秋	全年	莖葉	消除疲勞	內 煮水、榨汁	大火滾後用小火1~2小時	同上	苦茶重要原料
大花咸豐草	全年	播種	盆植露地	全年	全年	全草	消暑、降火	內 煮水	大火滾後用小火1~2小時	同上	
車前草	春、秋	播種	盆植露地	春、秋	全年	全草	降火、利尿	內 煮水	大火滾後用小火1小時	同上	
大薊	冬~春	·播種 ·分株	盆植露地	春	春~夏	全草、根部	消除疲勞	內 煮水、榨汁	大火滾後用小火2小時	同上	全株有刺
化石草	春	扦插	盆植露地	夏	全年	莖葉	利尿、化石、退火	內 煮水	大火滾後用小火1小時	同上	有苦味
穿心蓮	夏~秋	播種	盆植露地	秋	秋	莖葉	清涼、消炎、降火	內 煮水、沖泡	葉片沖泡 莖葉大火滾後用小火20分鐘	同上	味道很苦
白尾蜈蚣	春、秋	·播種 ·分株	盆植露地	春~秋	全年	全草	清涼、消炎、降火、消除疲勞	內 煮水、榨汁、研粉	大火滾後用小火1~2小時	同上	很苦
一葉草	春	·買現成盆栽 ·分株	盆植露地	春	冬~春	全草	清涼、消炎、降火	內 煮水、榨汁 外 外敷	大火滾後用小火1小時	同上	

外用沐浴區

	繁殖適期	繁殖方式	種植方式	生長期	採收期	使用部位	功能	使用方式	燉煮火候	使用禁忌	備註
茉草	春	·扦插 ·播種 ·買現成盆栽	盆植露地	夏~秋	全年	葉片	避邪	外 泡澡			台灣最常用的避邪植物
客家茉草	春	·扦插 ·買現成盆栽	盆植露地	夏~秋	夏~秋	莖葉	避邪、降火	內 煮水 外 泡澡	大火滾後用小火1小時		
芙蓉	春	·播種 ·買現成盆栽	盆植露地	夏~秋	全年	根莖葉子	避邪、驅風、除濕	內 燉排骨、泡酒 外 泡澡	大火滾後用小火2小時	幼兒、懷孕婦女、虛冷體質不建議內服	

	繁殖適期	繁殖方式	種植方式	生長期	採收期	使用部位	功能	使用方式	燉煮火候	使用禁忌	備註
香茅	春	・買現成盆栽 ・分株	盆植 露地	夏~秋	全年	莖葉	皮膚止癢、避邪	外 泡澡	大火滾後用小火 30 分鐘	幼兒、懷孕婦女不建議使用	
牛筋草	春~夏	・播種 ・分株	盆植 露地	夏~秋	夏~秋	全草	利尿、降壓、促進血液循環	內 煮水 外 泡澡	大火滾後用小火 30 分鐘~1 小時	幼兒、懷孕婦女、虛冷體質不建議使用	野生為主
左手香	春	・扦插 ・買現成盆栽	盆植 露地	夏~秋	全年	莖葉	解熱、消炎、喉嚨痛	內 煮水、榨汁 外 外敷	大火滾後用小火 30 分鐘	同上	有傷口不可外敷
月桃	春	・播種 ・分株	盆植 露地	全年	全年	地下塊根	促進血液循環(外)、健胃(內)	內 煮水 外 泡澡	大火滾後用小火 1 小時	幼兒、懷孕婦女不建議使用	外用為主
六神草	春	・播種 ・買現成盆栽	盆植 露地	春~夏	春~夏	花序	外用消炎	外 泡酒		同上	外用為主

養生野菜區

	繁殖適期	繁殖方式	種植方式	生長期	採收期	使用部位	功能	使用方式	燉煮火候	使用禁忌	備註
紫蘇	農曆過年前後	・播種 ・買現成盆栽 ・分株	盆植 露地	春~夏	春~秋	莖葉	感冒咳嗽、健胃、解毒	內 煮水、做紫蘇梅、烹調香料	大火滾後用小火 20 分鐘	幼兒、懷孕婦女不建議使用	
雞屎藤	春	・扦插 ・播種	盆植 露地	夏~秋	全年	嫩葉鮮品根莖乾品	驅風寒感冒咳嗽、解酸痛、避邪	內 煮水、燉粉腸、煎蛋 外 泡澡	大火滾後用小火 30 分鐘~1 小時	幼兒、懷孕婦女、虛冷體質不建議使用	臭味很重
白鳳菜	春、秋	扦插	盆植 露地	春、秋	全年	莖葉	利尿、消炎	內 煮水、汆燙	大火滾後用小火 30 分鐘	同上	常用野菜
枸杞	春	扦插	盆植 露地	夏	春~夏	根莖葉片果實	眼睛保健	內 根莖煮水、煮蛋花湯、果實藥膳	大火滾後用小火 1 小時	幼兒、懷孕婦女不建議使用	全株有刺
石蓮花	全年	扦插	盆植 露地	全年	全年	葉片	清涼、降火、利尿	內 榨汁、生食		幼兒、懷孕婦女、虛冷體質不建議使用	栽培水分不宜過多
龍葵	冬~春	・播種 ・分株	盆植 露地	春	春~夏	全草	清涼、消暑、降火	內 煮水、汆燙	大火滾後用小火 1 小時	同上	綠色果實不可食用
香蘭	春	・買現成盆栽 ・分株	盆植 露地	夏~秋	全年	葉片	利尿、降火	內 煮水、烹調香料	大火滾後用小火 30 分鐘	同上	有芋頭香味
香椿	春	・扦插 ・買現成盆栽	盆植 露地	春~秋	春~秋	根莖嫩葉	糖尿保健	內 煮水、烹調香料、製醬、製茶包	大火滾後用小火 30 分鐘~1 小時	幼兒、懷孕婦女、虛冷體質不建議使用	素食餐廳常用
馬齒莧	春、秋	扦插	盆植 露地	春~秋	全年	全草	糖尿保健、皮膚癢、痢疾	內 煮水、汆燙 外 泡澡	大火滾後用小火 30 分鐘	同上	常見野菜
藤川七	全年	零餘子	盆植 露地	春~秋	全年	葉片	潤腸、降火	內 煮水、汆燙	大火滾後用小火 20 分鐘	幼兒、懷孕婦女、虛冷體質不建議使用	

養生野菜區

內 內服　外 外用

	繁殖適期	繁殖方式	種植方式	生長期	採收期	使用部位	功能	使用方式	燉煮火候	使用禁忌	備註
薑黃	春	地下根莖	盆植 露地	夏～秋	全年	地下根莖	健胃、排毒消除疲勞	內 煮水、研粉、烹調香料	大火滾後用小火1小時	幼兒、懷孕婦女不建議使用	冬天落葉
球薑	春、秋	地下根莖	盆植 露地	夏～秋	全年	地下根莖	健胃、驅風寒、鼻子過敏	內 煮水、烹調香料	大火滾後用小火1小時	同上	常與南薑混用
薄荷	春	・扦插 ・買現成盆栽	盆植 露地 水生	夏～秋	春～秋	莖葉	清涼、消暑、健胃、驅風	內 煮水、燉雞、沖泡	沖泡不煮僅燜煮雞大火滾後用小火1小時	幼兒、懷孕婦女體質不建議使用	青草茶重要原料之一

日常保健區

	繁殖適期	繁殖方式	種植方式	生長期	採收期	使用部位	功能	使用方式	燉煮火候	使用禁忌	備註
明日葉	春	・播種 ・買現成盆栽	盆植 露地	春～夏	全年	莖葉	清血、降壓	內 煮水、榨汁	大火滾後用小火20分鐘	同上	
金錢薄荷	春	・扦插 ・買現成盆栽 ・分株	盆植 露地	春～夏	全年	全草	清血、降壓、促進血液循環	內 煮水、榨汁	大火滾後用小火30分鐘	幼兒、懷孕婦女不建議使用	
萬點金	春	播種	盆植 露地	全年	全年	根莖	祛傷、解鬱、肺部保健	內 煮水、燉雞	大火滾後用小火1～2小時	幼兒、懷孕婦女、虛冷體質不建議使用	
紫茉莉	全年	・播種 ・地下塊根	盆植 露地	全年	全年	地下塊根	健胃、整腸	內 燉肉	大火滾後用小火1小時	同上	
曇花	全年	・扦插 ・買現成盆栽	盆植 露地	全年	開花時	花朵	潤肺、止咳	內 燉肉、燉冰糖	大火滾後用小火30分鐘	同上	曇花一現
虎耳草	冬～春	分株	盆植 露地	春	冬～春	全草	降火、止咳、消炎	內 煮水、燉肉	大火滾後用小火30分鐘～1小時	同上	
艾草	全年	・買現成盆栽 ・分株 ・地下根	盆植 露地	春～夏	全年	全草	清血、降壓、促進血液循環	內 煮水、榨汁、燉絲瓜 外 泡澡	大火滾後用小火1小時	幼兒、懷孕婦女不建議食用	端午節常用民間植物
魚腥草	春	・買現成盆栽 ・分株 ・地下莖	盆植 露地 水生	春	春～秋	全草	鼻子過敏、清涼、消暑、止咳、皮膚癢	內 煮水 外 泡澡	大火滾後用小火20分鐘	幼兒、懷孕婦女、虛冷體質不建議使用	鮮品有魚腥味乾品則
含羞草	春～夏	・播種 ・買現成盆栽	盆植 露地	夏～秋	全年	根莖	幫助睡眠、筋骨保健	內 煮水、燉排骨	大火滾後用小火1～2小時	同上	葉子不可食用

筋骨養生區

	繁殖適期	繁殖方式	種植方式	生長期	採收期	使用部位	功能	使用方式	燉煮火候	使用禁忌	備註
小本牛奶埔	春	・扦插 ・播種	盆植 露地	全年	全年	根莖果實	筋骨保健	內 煮水、燉排骨、泡酒	大火滾後用小火2小時以上	幼兒、懷孕婦女不建議使用	
小本山葡萄	春	・扦插 ・買現成盆栽	盆植 露地	夏～秋	全年	根莖	筋骨保健、眼睛保健	內 煮水、燉雞、泡酒	大火滾後用小火2小時以上	同上	
三葉五加	春	扦插	盆植 露地	夏～秋	全年	根莖葉子	筋骨養生保健	內 煮水、燉肉、泡酒	大火滾後用小火2小時以上	同上	
夜合	春	・扦插 ・買現成盆栽	盆植 露地	全年	全年	根莖	傷後筋骨保健	內 燉排骨、泡酒	大火滾後用小火2小時以上	同上	生長緩慢

筋骨養生區

	繁殖適期	繁殖方式	種植方式	生長期	採收期	使用部位	功能	使用方式	燉煮火候	使用禁忌	備註
杜虹花	春	扦插	盆植露地	全年	全年	根莖葉子	筋骨保健	內煮水、燉排骨、泡酒	大火滾後用小火2小時以上	幼兒、懷孕婦女不建議使用	生長緩慢
桃金孃	春	·扦插·播種·買現成盆栽	盆植露地	全年	全年	根莖果實	腳膝無力退化保健筋骨保健	內燉排骨、泡酒	大火滾後用小火2小時以上	同上	生長緩慢
白花虱母子	春	播種	盆植露地	秋	秋～冬	根莖	解毒胃腸保健筋骨保健	內煮水、燉排骨	大火滾後用小火1小時	幼兒、懷孕婦女、虛冷體質不建議使用	
金線連	春	·播種·買現成盆栽·分株	盆植	春、秋	全年	全草	清涼、降火、肺部保健、補元氣	內煮水、燉雞、泡酒	大火滾後用小火1小時	幼兒、懷孕婦女不建議使用	
盤龍參	春	·播種·買現成盆栽·分株	盆植	清明前後一個月	清明前後一個月	全草	腳膝無力退化保健補元氣	內煮水、燉雞、泡酒	大火滾後用小火1小時	同上	

養顏美容區

	繁殖適期	繁殖方式	種植方式	生長期	採收期	使用部位	功能	使用方式	燉煮火候	使用禁忌	備註
蘆薈	春、秋	·買現成盆栽·分株	盆植露地	全年	全年	葉片去皮	消除疲勞、外用消炎、美容	內榨汁、燉蜆 外曬傷養護、美容	大火滾後用小火1小時	幼兒、懷孕婦女、虛冷體質不建議使用	1.外皮不可使用 2.僅部分品種可使用
洛神花	春	·播種·買現成盆栽	盆植露地	秋	秋	花萼	去油膩、消除疲勞、去油脂、美容	內煮水、製果醬、製蜜餞	大火滾後用小火20分鐘	同上	
益母草	春、秋	播種	盆植露地	春～夏	春～夏	全草	婦女調經理帶	內煮水、燉雞	大火滾後用小火1小時	幼兒、懷孕婦女不建議使用	
鴨舌癀	春～夏	扦插	盆植露地	春～夏	全年	莖葉	婦女調經理帶	內煮水、燉雞、煎蛋	大火滾後用小火1小時	同上	

青春期保健區

	繁殖適期	繁殖方式	種植方式	生長期	採收期	使用部位	功能	使用方式	燉煮火候	使用禁忌	備註
九層塔	春	·播種·分株	盆植露地	夏～秋	秋～冬	根莖	小孩發育、袪傷解鬱、婦女調經理帶	內燉雞、燉排骨	大火滾後用小火2小時以上	幼兒、懷孕婦女、虛冷體質不建議使用	小孩發育首選植物
狗尾草	春	·播種·買現成盆栽	盆植露地	夏～秋	全年	根莖	健胃、整腸	內煮水、燉雞	大火滾後用小火2小時	同上	小孩瘦小、食慾不振最常使用植物
含殼草	春	·播種·分株	盆植露地	春～夏	全年	全草	健胃、整腸、小孩發育	內煮水、燉雞、煎蛋	大火滾後用小火1小時	同上	
半枝蓮	秋～冬	·播種·分株	盆植露地	春	春	地上部分	清涼、降火、排毒	內煮水、榨汁	大火滾後用小火2小時以上	同上	
金銀花	春	·扦插·買現成盆栽	盆植露地	夏～秋	夏～秋	根莖花序	殺菌、排毒、降火	內煮水	大火滾後用小火1小時	同上	

● 生活常用配方快速檢索

外用青草沐浴包

一般外用的青草沐浴包全年皆宜，沒有季節之分，但特別適合秋冬以泡溫泉的方式來使用，也可依個人喜好和需求來調整青草配方。要特別注意的是，懷孕中的女性及幼兒要避免泡青草浴，而老人及小孩如果要泡，也要留意泡澡的時間和溫度，不宜過量！

常見的沐浴包類型有止癢、循環、祛風寒、避邪等，不同類型的沐浴包也有多種青草可自由搭配選擇。例如適合用於身體止癢的青草有七葉埔姜、白埔姜、扛板歸；適合用於促進循環的青草有香茅、月桃、榕樹鬚根、牛筋草、臭杏；適合用於祛風寒的青草有大風草、風藤；而習俗中常見的避邪植物則有茉草、客家茉草、艾草、香茅。

艾草 P.124

香茅 P.56

客家茉草 P.52

大風草

榕樹鬚根

月桃 P.62

七葉埔姜

白埔姜

茉草 P.50

扛板歸

臭杏

牛筋草
P.58

青春期常用植物

小孩子到了青春期（女孩約11～12歲，男孩約12～13歲）就到了民間所謂的「轉骨」階段，此階段為重要的發育期，適時服用一些青草將有助於孩子的成長更完善。雖各地區的青草配方略有差異，但最常用也最重要的三大轉骨青草非九層塔、狗尾草、含殼草莫屬。

九層塔 P.164

狗尾草 P.166

含殼草 P.168

火炭母

萬點金 P.116

宜梧

鴨舌癀 P.160

益母草 P.158

台灣菫菜（小本含殼草）

青草茶常用植物

台灣屬於海島型濕熱氣候，尤其到了夏天，這樣的天氣讓人特別想要飲用清涼消暑的飲品，而青草茶不僅有助降火，也能改善因火氣大而失眠的狀況，因此青草茶可說是台灣青草店非常具代表性的產品。當然，每一家青草店都有各自的祖傳配方，所選用的植物因地區、口味特色略有不同，但仙草乾、大花咸豐草、桑葉、薄荷是其中最常見的組合元素。

嘗試自己煮青草茶時，也可以依個人喜好來調整配方，例如喜歡口味比較香濃的人，可選用仙草加薄荷；想要茶色較深的人，可選用仙草加黃花蜜菜；而若希望價格便宜、取得便利的話，則可考慮常見的大花咸豐草、白鶴靈芝、長柄菊、車前草等等。

仙草 P.20

魚腥草 P.126

紅骨蛇

黃花蜜菜

薄荷 P.102

桑葉

大花咸豐草 P.30

夏枯草

白茅根 P.22

車前草 P.32

長柄菊

萬點金 P.116

白鶴靈芝 P.26

甜菊

秋冬保健植物

台灣冬季特別濕冷，很多人因此一早起床就容易有打噴嚏的過敏症狀。從預防保健的角度來看，可以嘗試以溫熱的魚腥草茶作為日常飲品的基礎，再酌量加入雞屎藤或紫蘇等植物，以增添氣味變化。

桑葉

魚腥草 P.126

雞屎藤 P.80

萬點金 P.116

紫蘇 P.78

紅田烏

金線連 P.146

養生藥膳常用植物

「夏天喝青草茶、冬天喝藥膳」是多數台灣人食用青草的固定模式。像是一般日常筋骨保健的首選是牛奶埔，受傷後的筋骨保健最推夜合，另外也常搭配枸杞、狗尾草、山葡萄等等植物一同入鍋，燉成養生的藥膳雞湯或藥膳素料湯。這樣的藥膳餐不需要天天吃，但也不能等到真的受傷或退化得很嚴重時才開始吃，預防保健重於治療，因此大約一周至兩周吃一次最得宜。

小本牛奶埔 P.132

一條根

夜合 P.138

枸杞 P.84

九節木

狗尾草 P.166

小本山葡萄 P.134

杜虹花 P.140

野牡丹

● 野外常見的青草植物列表

常見可食野菜

常見的路邊植物你認得出幾種？在你還不認識它之前，它可能只是你眼中的「雜草」，但當你有所認知後，會發現原來路邊隨處可見的含殼草、火炭母草可以煎蛋；鼠麴草可以做成草仔粿；構樹可以當成水果吃，生津止渴；昭和草、龍葵、馬齒莧、白鳳菜等也都是可以食用的野菜，簡單川燙或快炒，就成了一道道養生的健康料理。

昭和草

鼠麴草

龍葵 P.88

火炭母草

馬齒莧 P.94

土人蔘

構樹

山苧麻

金錢薄荷 P.114

白鳳菜 P.82

含殼草 P.168

水八角

紅刺蔥

愛玉

海濱常見藥用植物

台灣四面環海，海濱植物在藥用植物中也佔了很大的比例，像是我們去海邊、去沙灘常常可以見到馬鞍藤、林投子、台灣蒲公英等等，它們都是自然生長在海濱的植物，下一次出遊時，不妨仔細看一看你認得幾種喔！

馬鞍藤

黃槿

蔓荊子

金銀花 P.172

林投子

台灣百合

台灣蒲公英

石板菜

天門冬

夏枯草

雙面刺

野外極需保護藥用植物

野外極需保護的藥用植物大多屬於台灣原生植物，這些植物可能因為生長環境被破壞、過度砍伐與採收等因素而面臨生存危機。雖然本書介紹了許多青草植物的保健和用法，但若在野外遇到這些植物時，建議大家還是讓植物保留在原生地自然生長，不要任意採摘。

八角蓮

七葉一枝花

金線連 P.146

小毛氈苔

盤龍參 P.148

大薊 P.34

十大功勞

台灣蒲公英

野外常見有毒植物

我們的自然環境中除了有許多好吃、好用的野菜和青草，但也有不少有毒植物，值得我們特別留意。通常有毒植物都有美麗的外觀、鮮豔的花朵，像是最常見的大花曼陀羅、黃花曼陀羅、姑婆芋等等，不僅要避免誤食，看到它最好也不要動手碰觸喔！

姑婆芋

文殊蘭

大花曼陀羅

火巷

黃花曼陀羅

土半夏

七日暈

蓖麻

雞母珠

日日春

蕗藤

海檬果

● 青草藥名稱筆劃檢索

天母藥園

聯絡人	翁義成
經營方式	私人藥園
藥園性質	標本性質、教學使用
植物種類	約200多種
地址	台北市士林區東山路
電話	0932-080-977
開放時間	僅接受團體預約
公休	無
門票	200元／人（含導覽解說）
提供餐飲	無
網址	http://Myweb.hinet.net/home8/c23082053/

內雙溪森林藥用植物園

聯絡人	臺北市政府大地工程處
經營方式	公立藥用植物園
藥園性質	遊憩休閒、參觀教學、生態保育
植物種類	常用植物約500種
地址	台北市士林區至善路三段150巷27號
電話	02-2759-3001轉3313
開放時間	週六～日09：00～12：00、13：00～16：00，上午提供導覽解說服務。週三09：00～11：30接受團體預約參觀
公休	週三
提供餐飲	無
網址	http://www.herb.nat.gov.tw/

二崎農場

聯絡人	詹水源
經營方式	私人藥園
藥園性質	遊憩休閒、天然永續耕作模式
植物種類	多種原生及藥用植物
地址	台北市北投區復興三路355巷39號
電話	02-2891-7787、0928-831-459
開放時間	僅接受團體預約
公休	無
門票	預約式套裝行程及收費
提供餐飲	預約式套裝行程及收費
網址	https://www.facebook.com/2chifarm

淡水藥園

聯絡人	盧太太
經營方式	私人藥園
藥園性質	青草批發（供應萬華青草商圈）
植物種類	常見藥用植物約150多種
地址	新北市淡水區聖約翰大學附近
電話	0932-080-977（由翁義成代聯繫）
開放時間	僅接受團體預約
公休	無
門票	200元／人
提供餐飲	無

新店蘆薈藥園

聯絡人	林先生
經營方式	私人藥園
藥園性質	蘆薈批發（供應萬華青草商圈）
植物種類	蘆薈專業藥園及常用植物約50種
地址	新北市新店區成功路
電話	02-2666-9809
開放時間	僅接受團體預約
公休	無
門票	200元／人
提供餐飲	無

雙溪茶花莊

聯絡人	莊崇祥兄弟
經營方式	私人藥園
藥園性質	遊憩休閒、以自然生態的理念經營
植物種類	各式茶花及數百種藥用植物
地址	新北市雙溪區梅竹蹊67號
電話	02-2493-2631、0910-090-589
開放時間	08：00～17：00
公休	無
門票	100元／人（可抵消費）
提供餐飲	野菜風味餐（須事先預約）
網址	http://hn84068550.myweb.hinet.net

陳氏兄弟藥園

聯絡人	陳仁章兄弟
經營方式	私人藥園
藥園性質	青草批發、青草盆栽、種苗買賣、契作
植物種類	藥用植物約200種
地址	新北市石碇區
電話	0989-428-737
開放時間	僅接受團體預約
公休	無
門票	200元／人
提供餐飲	養生簡食150元／人（須事先預約）

合修院青草藥園

聯絡人	徐順裕
經營方式	私人藥園
藥園性質	教學研究
植物種類	300種以上
地址	新北市萬里區溪底富士坪21之7號
電話	0921-031-291
開放時間	週六～日接受團體預約
公休	週一～五
提供餐飲	可事先預約

福祥多肉植物園區

聯絡人	嚴永祥
經營方式	私人藥園
藥園性質	遊憩休閒、多肉及藥用植物參觀教學
植物種類	台灣最大仙人掌植物園約有7000種多肉植物
地址	新竹縣新埔鎮北平里38號
電話	03-588-3218、0932-114-720
開放時間	接受電話預約
公休	無
提供餐飲	提供仙人掌冰
網址x	http://www.fuhsiang.com

百草谷藥用植物園

聯絡人	林德保
經營方式	私人藥園
藥園性質	藥用、原生、稀有植物種苗繁殖買賣
植物種類	約千餘種
地址	台中市霧峰區桐林里民生路1188號
電話	04-2339-0722、0910-209-825
開放時間	接受電話預約
公休	無
提供餐飲	無
網址	http://www.herbs-garden.idv.tw

天野青草藥園

聯絡人	沈金順
經營方式	私人藥園
藥園性質	遊憩休閒、台灣原生種與特有種植物參觀教學
植物種類	約1200種以上
地址	南投縣竹山鎮集山路二段291號
電話	049-263-1717、049-264-8111、0932-552-467
開放時間	09：30～14：00、16：30～21：00
公休	無
門票	50元／人清潔費（另配合解說收費）
提供餐飲	附設養生餐廳
網址	http://www.tienyeh.com.tw/

台灣民間藥用植物園

聯絡人	石榮通
經營方式	私人藥園
藥園性質	中藥及原生種植物參觀教學
植物種類	約2000種
地址	南投縣竹山鎮鯉南路130之5號
電話	049-264-7471、049-266-0117、0921-647-471
開放時間	個人自由參觀及團體預約制
公休	無
門票	配合解說收費
提供餐飲	無

雲林縣中草藥植物學會藥園

聯絡人	吳川興
經營方式	學會藥園
藥園性質	教學使用
植物種類	約800種左右
地址	雲林縣古坑鄉永光村麻園段
電話	05-557-5580、0932-592-113
開放時間	團體提前預約（可導覽解說）
公休	無
門票	自由樂捐
提供餐飲	無

大安藥園休閒農場

聯絡人	陳淑良
經營方式	私人藥園
藥園性質	遊憩休閒、參觀教學
植物種類	約400多種常用藥用植物
地址	宜蘭縣員山鄉同樂村蘭城路42之21號
電話	03-923-2808、03-922-5803
開放時間	09：00～18：00
公休	週一
提供餐飲	體驗型餐飲
網址	http://www.daanbio.com.tw/

花泉農場

聯絡人	楊森山
經營方式	私人藥園
藥園性質	遊憩休閒、參觀教學
地址	宜蘭縣員山鄉尚德村八甲路15之1號
電話	03-922-1506、0935-038-018、0919-221-506
開放時間	09：00～18：00
公休	無
門票	50元／人（可抵飲料消費）
提供餐飲	田媽媽鄉村風味餐（須事先預約）
網址	http://0919221506.emmm.tw/

Taiwan Nature Herbs

家有青草藥
超養生

2020年全新增訂版

作　　者	翁義成
責任編輯	王斯韻
編輯協力	王韻鈴
美術設計	莊維綺
行銷企劃	蔡瑜珊

發 行 人	何飛鵬
總 經 理	李淑霞
社　　長	張淑貞
總 編 輯	許貝羚
副 總 編	王斯韻

出　　版	城邦文化事業股份有限公司・麥浩斯出版
地　　址	104台北市民生東路二段141號8樓
電　　話	02-2500-7578
發　　行	英屬蓋曼群島商家庭傳媒股份有限公司城邦分公司
地　　址	104台北市民生東路二段141號2樓
讀者服務電話	0800-020-299
	09：30 AM～12：00 PM；01：30 PM～05：00 PM
讀者服務傳真	02-2517-0999
讀者服務信箱	E-mail：csc@cite.com.tw
劃撥帳號	19833516
戶　　名	英屬蓋曼群島商家庭傳媒股份有限公司城邦分公司

香港發行	城邦〈香港〉出版集團有限公司
地　　址	香港灣仔駱克道193號東超商業中心1樓
電　　話	852-2508-6231
傳　　真	852-2578-9337

馬新發行	城邦〈馬新〉出版集團Cite(M) Sdn. Bhd.(458372U)
地　　址	41, Jalan Radin Anum, Bandar Baru Sri Petaling,
	57000 Kuala Lumpur, Malaysia
電　　話	603-90578822
傳　　真	603-90576622

製版印刷	凱林印刷事業股份有限公司
總 經 銷	聯合發行股份有限公司
地　　址	新北市新店區寶橋路235巷6弄6號2樓
電　　話	02-2917-8022
傳　　真	02-2915-6275
版　　次	初版一刷　2020 年 8 月
定　　價	新台幣420元　港幣140元

Printed in Taiwan

國家圖書館出版品預行編目(CIP)資料

家有青草藥超養生 2020年全新增訂版 / 翁義成著. – 三版. – 臺北市：
麥浩斯出版：家庭傳媒城邦分公司發行, 2020.08
　面；　公分
ISBN 978-986-408-621-4(平裝)

1. 藥用植物 2. 青草藥 3. 臺灣

376.15　　　　　　　　　　　　　　　　　　　　　109009791